JN155516

戦場に行く犬

Soldier Dogs

アメリカの軍用犬とハンドラーの絆

マリア・グッダヴェイジ 著
Maria Goodavage

櫻井英里子 訳

晶文社

This edition published by arrangement with Dutton,
an imprint of Penguin Publishing Group,
a division of Penguin Random House LLC

throught Tuttle-Mori Agency,Inc.,Tokyo

装丁
岩瀬 聡
カバー・イラスト
伊藤彰剛

戦場に行く犬

アメリカの軍用犬とハンドラーの絆

もくじ

I　危険を顧みず、進む犬たち　009

II　生まれと、育ちと、訓練と　055

＊ ［ ］内は訳者による注です。

I

危険を顧みず、進む犬たち

1
隊の先頭、ウォーキング・ポイント

朝七時、場所はアフガニスタンのサファルを少し北に行ったところだ。任務中のフェンジM675の息は既に荒い。八月の太陽を受け、シェパード犬フェンジの毛皮は漆黒に輝く。D型リングのついたリードにつながれ、一〇人の海兵隊員を率いている。そのリードは、ハンドラー［犬の指導手］のマックス・ドナヒュー伍長の装備につながっている。一・八メートルほど後ろを行く彼は、ライフル銃を構えている。

フェンジは隊員たちを導きながら、砂ぼこりの舞う平坦な道を歩き、生い茂る草や木々の間を通り抜ける。いつもなら誘惑されそうなものには、目も止めない。動物の糞。飴の包み紙。飛びつきたいところだが、それらは今回の任務とは関係ない。この日、みなが生きて帰れるかは、フェンジの鼻にかかっている。つまらないことに気を取られている場合ではない。

多国籍軍が、サファルからタリバン兵を一掃し、爆弾も撤去すると、街ではバザール［市場］が再開され、市民の暮らしは元に戻った。タリバン軍は、北に移動した。しかしその途中でケシ畑やブドウ畑や道路脇に、ＩＥＤ（即席爆弾）を種のようにまき散らしていった。

一歩の踏み違いで、死が待つ地帯である。

だからこうして、フェンジはリードにつながれ、隊の先頭、つまり「ウォーキング・ポイント」にいる。ＩＥＤはアフガニスタンで一番殺傷能力の高い兵器だ。最先端の技術を使った、地雷探知機や爆弾妨害機を用いていても、無人飛行機がとらえるタリバン兵の「活動の痕跡」を解析しても、ＩＥＤはなかなか見つからない。しかし、タリバンにも歯が立たない、優れた探知力をもつものがある。それが軍用犬だ。嗅覚という非常に原始的な感覚と、褒め言葉やご褒美の玩具への強い欲求を持つ動物だ。

「シーク（見つけろ）！」とドナヒューは、フェンジに指示しつつ進む。後ろに、第一海兵連隊第三大隊の兵士たちが続く。半走りのフェンジは、足取りも軽く、しっぽを立てて軽く上下させている。ときどき止まり、気になる場所で匂いを嗅ぐが、爆弾はないと確認すると次へ進む。一見すると、朝の公園を散歩している犬のようだ。完全武装したドナヒューは、フェンジ用の飲み水も含めて、三六キロ以上もの装備を身に着け、あとに続く。

道路から一歩外れたところで、突然、フェンジの動きが止まった。強く興味をひかれる何かがあったらしい。わき目もふらず、素早く嗅ぎまわり、やがてしっぽを振り出した。次に、立ち姿勢から伏せの姿勢をとった。終始、目をそらさない。兵士たちは話すのをやめて、フェンジを見つめた。伏せてもしっぽを振り続けるので、砂が巻き上がる。あたりはしんと静まりかえった。嗅ぎまわる音もしなければ、ブーツが砂利を踏みしめる音もしない。

静かな空間を切り裂くように、押し殺した、しかし熱のこもった声が響いた。「フェンジ！　さすがだ、よくやった！」訓練であれば、ドナヒューはもっと称賛を浴びせただろうが、ここには本物の爆弾がある。短く褒めて、フェンジを呼び戻すと、そこから「ずらかる」ことにした。このIEDは、踏むと爆発するものではなく、遠隔操作で爆発するタイプかもしれない。海兵隊の一人が、黄緑色の蛍光スティックで印を残し、みなほかの爆弾を探しに行った。

その彼の一時間で、フェンジは、道路脇に埋められていた爆弾をさらに三つ発見した。そのたびに、ドナヒューは、静かに、しかししっかりと褒めた。二度ほど、爆弾から十分に離れたところで、黒いコングを投げてやった。フェンジはそれを軽々とキャッチした。この犬用玩具を噛みしめ、硬いゴムの感触を歯で感じ、ドナヒューの称賛の声に酔いしれ、装備をつけた彼の手に頭をなでられ、喜びに浸る。軍用犬にとって最高の瞬間だ。このために生きていると言っても過言ではない。何年もかけた訓練と苦労が、実を結ぶときである。

「自慢の相棒だよ」とドナヒューは、フェンジに言う。心からの言葉だ。フェンジもしっぽをぶんぶん振る。良い仕事をした自覚がある。コンビ結成から七か月経つが、フェンジは、自分にとって最初のハンドラーでもあるドナヒューのことが大好きだ。ドナヒューも「俺の可愛い彼女」とフェンジに心酔している。二月にキャンプ・ペンデルトンで出会ってから、フェンジはずっとドナヒューが好きだ。犬に限らずドナヒューに会う人は、みな同じように感じるだろう。オープンな性格、人生を楽しむ態度、辛口なユーモア、面倒見の良さを合わせもつドナヒューに、フェンジはすぐに懐き、ドナヒューもフェンジを気に入った。フェンジは若く、利発で、何でもすぐに覚えた。ユーモアのセンスもある、とドナヒューは言い張った。彼のジョークに、友人より先にウケるのだと。ドナヒューが冗談を言おうと言うまいと、フェンジは彼と一緒なら常にしっぽを振るせいかもしれない。

このコンビの絆の深さが、隊のミッション成功に貢献しているのかもしれない。フェンジは、ドナヒューが寝れば彼の足元で寝て、彼がほかの隊員とトランプで遊べば一緒にカードを見つめ、駐在パトロール基地で食事をするときは隣に座る。ドナヒューも、自分の食事をフェンジに分ける。「彼女への、当然のご褒美だよ」。

マックス・ドナヒュー海兵隊伍長と、フェンジM675。アフガニスタンのガルムシールにて。このコンビは、この写真が撮られる六か月前、サンディエゴのキャンプ・ペンデルトンで出会ったときから、すぐに深い絆を結んだ。©MARINE GUNNERY SERGEANT CHRIS WILLINGHAM

普段なら、ドナヒューたちと行動を共にする爆発物処理班だが、その朝は、別の場所へ呼び出されていた。しかしドナヒューたちが見つけたＩＥＤを調べに、戻ってくるという。爆発物処理班が待ち伏せ攻撃を受けないように、ドナヒューたちは戦闘態勢に入り、配置について警戒を強めた。

ドナヒューは、銃を構えるのに適した場所を見つけた。Ｙ字路の中心である。ここなら土地が開けていて、数百メートル四方を見渡せる。かばんからフェンジの携帯皿を取り出すと水を入れてやった。フェンジが水を飲む間、ドナヒューは腹這いになり肘をついてライフル銃を構えた。ほかの海兵隊員たちがいる畑は、後方にある。彼が見据えているのは、二〇〇メートル先にある、小さな村だ。トラブルが起きるとすれば、そこだろう。水を飲んで満足したフェンジは、彼から少し離れたところに伏せた。その状態で、しばらく待った。

爆発物処理班が到着し、作業にかかった。まず、ドナヒューから一〇〇メートルほど離れたところに埋められていたＩＥＤを慎重に掘り出し始めた。一つでも間違えれば、みなが命を落とし、タリバンがスコアブックに「一勝」をつけることになる。作業員の一人が、もっとしっかり見ようと、爆弾にかがみこんだ。その近くで、ドナヒューは、もう少し楽な姿勢をとろうと、体勢を変えた。

その瞬間。三キロ南のサファルにいたアンドレイ・イドリセアヌ伍長は、すさまじい爆発音を聞いた。彼も犬と一緒に、建物内で爆弾探しをしていた。「何か大変なことが起きたに違いない」と思ったが、心配しすぎないように自分に言い聞かせた。

2 目立たないヒーローたち

カイロは、ベルジアン・マリノワ犬という噂だ。ウサマ・ビンラディン殺害のための襲撃をした「SEAL・チーム6」の一員とされている。最新の機材を投入した今世紀最大ともいえる軍事作戦に、犬が加わった。そう考えるだけでどきどきするのは、犬好きだけではないはずだ。もしかしたら、今、テーブルの下で食べ残しをせがむ、読者の飼い犬の親戚かもしれないのだ。

作戦の詳細が明らかになるにつれ、アルカイーダの指導者より、犬のカイロが脚光を浴びていった。ウェブサイト「ゴッサミスト」「ニューヨークのイベント、レストランガイドなどが載る情報サイト」のブログには、次のような書き込みもあった。

「ウサマの死亡写真の議論など、もういい！　ウサマを見つけ出した軍用犬の写真が見たい！」

襲撃作戦に加わった犬について、海軍特殊戦開発グループ（通称「デヴグル〈DEVGRU〉」。SEAL・チーム6につけられた近年の名称）も国防総省も固く口を閉ざす中、様々な噂が飛び交った。ほとんどは、事実に見せかけた憶測だった。一説では、暗視ゴーグルと防弾服を身に着け、肩にカメラをかつぎ、小声の指示も聞こえる補聴器をつけ、装備ひとそろいを胴体に巻き付けた犬とされた。チタン製の恐ろしい義歯が四本もあるとも言われた。まさに犬族のスーパーヒーローだ。そんなカイロの横では、バットマンすら装備不足のスパルタ人に見えてしまうだろう。

でもよく考えてほしい。夜間でも視力の変わらない動物に、暗視ゴーグルなど必要だろうか。義歯の話も、おかしい。チタン義歯も、無傷の健康な歯に勝るものではない。パトロール犬で稀に見ることがあるが、歯が折れたときだけに使われる。まともな獣医なら、何の理由もなく健康な歯を抜いて、チタン義歯に替えることはない。チタンに、いかに耐性があろうと。

カイロの装備について飛び交う噂は、どう考えても大げさだったので、真実を知りたくなった。カイロでなくても、特殊任務につくほかの多用途犬ＭＰＣ（Multipurpose canine）なら、ドラマチックな作戦に参加していそうだ。会うのは、難しくないだろう。犬について知りたいだけなのだ。マンハッタン計画の話ではない。

ヴァージニア州ノーフォークにあるリトルクリーク海軍水陸両用作戦基地を訪れると、案内役の男性が、特殊部隊員が訓練に使う障害物コースや、水泳をする海岸を指さして言った。「どこの誰にも、内緒にしていることさ」。

特殊任務につく犬も、極秘扱いであるため、存在しないことになっているそうだ。少なくともほとんどがそのような扱いだ。テキサス州サン・アントニオのラックランド空軍基地に勤めていた元獣看護師によると、二年ほど前に、病気の治療のため特殊部隊の軍用犬がやってきた。いつものペーパーワークは一切なく、治療を済ませた。そして通常なら記入しなければいけない書類について、看護師が尋ねると、犬のハンドラーはこう言った。

「この犬は、ここに来なかった」

「彼の口調ではっきり分かったわ。私も質問をやめた。その犬は、存在しないことになっていたのだから」と看護師は言う。

なお、本書のハードカバー版が出版されてから、教えてもらったことであるが、カイロは確かに存在する。大きくたくましい体で、激しい気性をしているが、マリノワ犬らしく、遊ぶのが大好きな犬らしい。重要な任務を任されたら、味方になってほしくなるような、恐れ知らずの、屈強の戦士だ。逆に、カイロのような犬がいたら、悪漢にだけはなりたくない。

“No Easy Day”（邦訳『アメリカ最強の特殊戦闘部隊が「国家の敵」を倒すまで』〈熊谷千寿訳、講談社、二〇一四年〉）の著者マーク・オーウェンは、ビンラディン殺害任務についていた、海軍ＳＥＡＬチームの隊員だった。彼はその本で、カイロの当日の役割について書いている。それによると、カイロはヘリコプターから飛び降りることはしなかった。隊員を率いて住宅に侵入したわけではなかった。カイロは住宅の周りをパトロールしていた隊に加わり、敵兵や自爆兵の到来に備えていた。敵が襲ってきた場合は予告ができるし、逃亡した場合は追いかけることができる。重要な仕事だ。しかし彼の能力が実際に活用されたかは、まったく書かれていない。

カイロに人々の興味が集中する中、忘れてしまいがちなのが、ほかにも犬のヒーローが存在することだ。ウォーキング・ポイントの犬。海軍や陸軍や空軍や海兵隊が、世界で最も危険な地帯を無事に通行できるよう活躍する犬。そういう犬たちは危険な任務を、世間の声援も受けず、日々こなす。その見返りに彼らがほしがるのは、褒め言葉やゴムボールだ。パラシュート隊員のように飛行機から飛び降りることもなければ、上空のヘリコプターからロープで降りることもなく、チタン義歯を持っていると噂されることもない。しかし、救助活動をおこなう彼らの、戦地での重要性は増すばかりだ。

これまでの歴史において、人間は犬を戦いに用いてきた。人間よりも早く危険を察知することができる犬を、歩哨や防衛に用い、追跡犬、伝書犬、犬ぞり、救護犬としても活用してきた。偵察中も、犬の嗅覚のおかげで、ハンドラーはスナイパーなど目に見えない敵の存在を知ることができた。それでも現代ほど、犬の嗅覚が重要だった時代はない。

今回のリサーチでも、多くのハンドラーが語っている。

「僕の命は、この子の鼻に託している」

アフガニスタンで最も殺傷能力が高い武器はＩＥＤだ。そのため、犬にとって最も重要な感覚器が、かつてないほど頼りにされている。現代の軍用犬に一番多く課せられる任務は、爆発物の探知だ。数十種の爆弾を、犬なら嗅ぎつけることができる。どんな機械もかなわない。ＣＩＡ長官デビッド・ペトレイアスは大将を務めていたときにこう言っている。「戦争における犬たちの能力は、人も機械も代わることができない」。

一二の空軍基地に配備されている合計一〇〇頭以上の軍用犬アドバイザーを務める空軍一等軍

曹のアントニオ・ロドリゲス［通称「エイロッド」］は、次のように表現している。「軍で使用される犬は、柔軟性があり、無駄がなく、簡単に配置でき、必要とあれば素早く移動させることができる兵器システムだ。これに及ぶものはない」。

だからこそ、ドッグ・チームは、攻撃対象になりやすい。犬は、命を救うだけではない。犬が見つけたものから得られる情報は、より大きな作戦の発覚につながることが多い。タリバンがうれしがるはずがない。

アフガニスタンにいる犬のほとんどは、パトロール兼爆発物探知犬だ。「パトロール」は、必要とあれば追跡相手を噛むなどの攻撃性が求められる。私自身、この本を執筆するためのリサーチ中に、少々手痛い経験をした。アフガニスタンに配属されているパトロール兼爆発物探知犬は、実際に相手を追跡することはほとんどないが、爆発物を嗅ぎ分ける能力は、常に求められている。

犬たちが救う命は、兵士のものだけではない。老人であれ子どもであれ、すべての村人がIEDの恐怖にさらされている。IEDが多く埋められた地域では、誰も外に出られず、日干し煉瓦で造られた小さな泥の家に閉じこもる。近所の人に会うのも、食糧を調達するのも、命がけだ。誰も外に出られないため、村は村ではなくなる。

この悲劇的な現実を痛切に感じたのは、ネットで見たニュースビデオだ。七歳の少女が担架に乗せられ、待機中の軍用ヘリに搬送されていた。少女は弟と一緒に外で遊んでいたが、どちらかが何かを踏んでしまったらしい。弟は、発見されていないとのことだった。いずれ、遠くに飛ばされた遺体が見つかるに違いない。

常にタリバンの脅威にさらされている市民の生活が正常に戻るように、犬たちは手助けしている。日常の中で活躍する、四足歩行のヒーローは、パートナーの人間とともに、村や町にしかけられた何十もの、ときには何百もの爆弾を撤去していく。例えばサファルなど、一時はゴーストタウンだった。誰も外に出ようとしなかった。昔は人でごったがえしていたサファルのバザールは、何か月もしまったままだった。IEDがあまりに多く、毎日、誰かしらが怪我をするか、亡くなるからだ。市民は、自主的な自宅監禁に近い状態で過ごし、商売もほぼ途絶えた。

ドッグ・チームが来て、すべては変わった。何週間もかかる作戦だったが、村の爆弾はすべて撤去され、バザールが安全に開けるようになった。犬を用いてサファルのバザールの爆弾撤去をおこなったイドリセアヌ伍長は、次のように話す。

「あの変化を思い出すだけで、鳥肌が立つよ。死者が生き返ったようだった。市民が、また、生活できるようになったんだ。犬と僕が、その一端を担ったんだ」

軍用犬の探知能力によって、救われた命の数を正確には計算できない。一頭あたり一五〇〇人から一八〇〇人と推測されている。隊が通過する前に爆弾を探知すれば、爆弾の規模にもよるが、多くの命を救うことになる。爆発が起きず、誰も命を落とすことなく、負傷だけで済むケースもある。負傷すらしないかもしれない。犬が爆弾を見つけることによって、何人の命を救えたか計算するのは難しい。

確かなことは、アフガニスタンに従軍した犬が二〇一〇年で見つけた爆発物は、五六七〇キロ以上あるということだ。関係者によれば、どんなに少なく見積もっても、それを上回る数字らしい。犬が発見したと認められないこともあるからだ。いずれにせよ、たった四・五キロでも爆発物のもつすさまじい破壊力を思えば、軍用犬たちがいかに重要な任務を負っているかが分かる。

国防総省が世界中に配置している軍用犬は二七〇〇頭ほどで、紛争地域にいる軍用犬は六〇〇頭ほどだ。さらに二〇〇頭ほどのコントラクト・ドッグと呼ばれる犬がいる。コントラクト・ドッグとは、軍に直属せず、コントラクター［契約業者］によって訓練された犬だ。そのハンドラーも、軍ではなくコントラクターに雇われている。この業界のハンドラーは、かつて軍に所属していた者が多い。より良い収入を求めて軍隊をやめたという人が多いが、もう少し自由の利く仕事がほしいからやめた者もいる。戦地に行きたくないと思えば、行かなくて済むのだ。アンクル・サム［米国］のために働くときは、そのような希望は通らない。国防総省が、コントラクト・ドッグを使うのは、国の軍用犬プログラムだけでは犬を必要数確保できないからだ。

アフガニスタンからの米軍撤退が始まっても、ドッグ・チームは引き続き、任務を続けている。彼らの任務は非常に重要であるため、アメリカがアフガニスタンに関与を続ける限り、ドッグ・チームも駐在を続けるだろう。ドッグ・チームにとっては、軍がいなくなると、危険性が高まることになる。二〇〇一年以降、一七人のハンドラーが戦死し、二〇〇五年以降は四四頭の軍用犬が戦地で死亡した（戦闘のほか、熱中症による死亡も含む）。なお、二〇〇五年より前の統計はなく、国防総省も犬の完全な殉職数を把握していない。

軍用犬は、かけがえのない存在である。任務遂行能力も高い。しかし、我々が軍用犬に思わず惹かれるのは、それだけが理由ではない。素晴らしい能力を発揮する、我らのヒーローであるが、同時に愛すべき友でもあるからだ。犬といえば、同じ屋根の下に暮らす仲間であり、彼らが見せる忠誠心、知性、そして無条件の愛は、家族と変わらないものである。だからこそ、犬が戦争に行くとなると、戦争というものが少しだけ身近になる。わが事のように感じられる。皮肉なことであるが、軍用犬がいることによって、私たちは戦争をより人間味をもって感じられるようになるのだ。

3 軍用犬の歴史をひもとく

英雄犬カイロに会えるまでだいぶ時間がかかりそうだが、もうすぐで百歳になる軍用犬には、会うことができた。名は「サージェント・スタビー〔スタビー軍曹〕」、第一次世界大戦で活躍した有名な英雄だ。一九二六年に亡くなった後、剥製になってアメリカ赤十字社に三〇年ほど展示されたが、皮膚や毛が劣化し始めたため、展示から外された。著名な軍用犬歴史家のマイケル・レミッシュは、著書“War Dogs: A History of Loyalty and Heroism”（「戦争で活躍した犬たち――忠誠心と勇気の歴史」）でスタビーについて書いている。レミッシュは、スミソニアンの国立アメリカ歴史博物館の古ぼけた美術品置き場で、搬送クレート〔動物を運ぶための箱〕の中にスタビーが置き去りにされていたのを発見した。クレートには、こう書かれていた。「犬のスタビー　コワレモノ」。

私も、軍用犬の祖ともいうべきスタビー軍曹に謁見すべく、ワシントンDCを訪れた際、古い展示品の管理場所に詳しい知人に連絡をとった。すると、スタビーは鼻から尾まで隅々を修復され、既に再展示されているという。映画『オズの魔法使』でドロシーが履いていたルビーの靴が展示されている少し先、「自由の代償、戦時のアメリカ人」と書かれた大きな展示の端に、スタビーはいた。

スタビーが戦争の英雄になったのは、アメリカに軍用犬プログラムなどまったくなかった時代である。小さな野良のピットブル犬スタビーは、一人の男に拾われ、第一次世界大戦で男がフランスに行くとき、一緒に船に乗り、こっそり海を渡った。そして一九一七年、第一〇二歩兵連隊のマスコット犬となった。負傷兵を元気づけ、全隊員を慕ってやまないスタビーは、やがてマスコット以上の働きをするようになった。例えばガス攻撃をいち早く察知し、眠っていた軍曹を起こした。おかげで隊員たちは全員ガスマスクを着用できた。侵入してきたドイツ兵に噛みつき、捕らえることにも成功した。砲弾で負傷もした。スタビーはまさに「ヒーロー」になった。

スタビーの人気は絶大で、非正式ではあるが、多くの勲章を授かった。メダルやバッジがあまりに多かったので、すべてつけるには毛布が必要だったくらいだ（毛布は数人のフランス人女性が用意した）。その後、アメリカ全土を旅し、三人の大統領と親睦を深めた。

亡くなってから八五年。ガラス越しの「スタビー軍曹」は、ガスマスクをつけたマネキンや、古ぼけた木製の義手、保存状態の良い鳩かごなど、戦争の遺品に囲まれている。第一次世界大戦は、たったこれだけの小さな空間におさまる出来事になってしまったかのようだ。スタビーは、プラスチック製にも見える剥製となり、唇の縁はハーマン・マンスター［アメリカの人気ホラーコメディ『マンスターズ』の登場人物］のように不自然な黒色だ。しかし私はやっと、生身のスタビー（いや、毛だけのスタビーと言った方が正確か）に会えた。

スタビーは、正当な手続きを経て戦地に送られたわけではない。当時のアメリカにはまだ、軍用犬入手のマニュアルはなかった。軍用犬プログラムそのものが存在しなかった。しかしヨーロッパ諸国では、第一次世界大戦で既に、犬を救助や伝書などに用いていた。アメリカ赤十字社は、軍用犬の入手を提案したが、そのための資金を得られなかった。遠征軍の総司令部でも、軍用犬プログラムを提唱する者がいた。三か月ごとに五〇〇頭の犬をフランスから購入し、アメリカ国内にケンネルを設け、軍用犬隊を創設するという案だったが、実現しなかった。

それでも、スタビーのように偉大な犬の話は、多かった。マスコットとしてだけでなく、歩兵

スタビー軍曹。第一次世界大戦時の英雄だったスタビーは、スミソニアンの国立アメリカ歴史博物館で今も生き続けている。©MARIA GOODAVAGE

として、伝書犬として、戦地のアメリカ兵を支える存在として、犬たちは活躍した。軍用犬の価値を、何千もの兵士が実感したはずだ。しかし戦争が終結し、軍事予算が削られると、軍用犬プログラムの計画は、立ち消えになった。

★

真珠湾攻撃を受けて、アメリカン・ケンネル・クラブ［世界で二番目に古い愛犬家団体］と、ドッグズ・フォー・ディフェンス［軍用犬育成のため一九四二年に発足した団体］は、有名なブリーダー主導のもと、軍用犬育成プログラムを正式に発足させた。彼らは一般家庭の飼い犬を軍用犬として寄付するよう、呼びかけた。アメリカ中の飼い主たちが、応じた。

その後三年間で、米軍の物品輸送を担当するアメリカ陸軍需品科は、三〇種に及ぶ、何千頭もの飼い犬を集めた。第一次世界大戦時の英国軍にならい、ベルジアン・シープドッグ、ジャイアント・シュナウザー、コリー、ジャーマン・シェパード、ドーベルマン・ピンシャーの五種から成る、犬のK9部隊［軍用犬隊。K9は、犬を意味するcanineにかけた言葉］が創設された。最終的に一万九千頭の犬が徴収され、半数以上が訓練を受けた。そのうちのほとんどが、歩哨犬となった。戦争が激化すると、偵察犬の需要がさらに高まり、四三六頭の犬が、太平洋の島々で軍事作戦に加わった。

こうして多くの犬が徴収されたが、その多くが任務遂行能力に乏しかった。また飼い主の元へ送り返されることになったが、その返却にかかる費用も軍が負担した。けっきょく戦後、軍は独自に犬を入手する方針に切り替えた。彼らは、どのような気候でも、あらゆる活動ができる犬種の選別にかかった。当時の入手マニュアルに書かれていることは、興味深い。

犬は、がっしりとした無駄のない体格で、よく働けるタイプであるべきだ。パワーも、忍耐力も、エネルギーも、かねそなえていなければならない。よい骨格、均整の取れた体、肋骨の張った厚い胸板、丈夫な足首、筋力のある四本の脚、固いウォールクッション［壁にたてかけるクッション］のような足が求められる。前脚の指は、内側にも外側にも向かず、後ろ脚はほどよい「く」の字をし、真後ろから見たときは、まっすぐなものが望ましい。性質としては、なにごとにも素早く、ぶれず、活気を見せ俊敏に反応するのが好ましい。内気でも神経質でもあってはならず、銃声など大きな音を怖がるようであってはならない。年齢は、生後九か月から三歳くらいまで、体は肩までの高さは五五から七一センチ、体重は二七から四〇キロまでが望ましい。雌雄は問わないが、メス犬の場合は、購入の六〇日前までに不妊手術を受けさせる必要がある。

「固いウォールクッションのような足」とは、なんだろう。

徐々に、犬種は絞られていった。気候に適応できるかどうかは、大きな決め手だった。ドーベルマンは、温暖な気候でしか活動できない。コリーや、シベリアン・ハスキー、アラスカン・マラミュートは、寒冷気候にこそ適している。ラブラドールなどは、狩猟本能が強く、頼りにならないとされた。残るは、ジャーマン・シェパードで、一九五〇年に朝鮮戦争が始まると、採用されたのはこの犬種だった。

第二次世界大戦時、有用性を認められたはずの軍用犬だった。だからこそ正式な育成プログラムも作られたわけだが、朝鮮戦争に赴いたのは、第二六歩兵連隊の偵察犬小隊だけだった。この小隊の活躍によって、すべての師団に偵察犬小隊を配備することが検討されたが、その前に戦争が終わった。

このとき、アメリカの軍用犬プログラムは、一時中断された。犬の入手が見送られ、資金が打ち切られ、プログラムそのものの廃止も噂されるようになった。これに怒ったのは、市民だった。市民におされ、プログラム続行が決まり、空軍の管轄下となった。そしてテキサス州サン・アントニオのラックランド空軍基地に軍用犬の訓練施設が設立された。

ベトナム戦争が激化した一九五〇年代末から一九六〇年代の初め、空軍が歩哨犬の有効性に気付くと、需要が供給を上回った。しかも、当時は犬の徴収手段がなかった。軍にも犬の入手手段はなく、かつてのドッグズ・フォー・ディフェンスのような民間組織もなかった。

軍は、急場しのぎをするしかなかった。犬の募集担当チームを全米の基地に派遣し、近隣住民から飼い犬を買い上げた。一頭あたり一五〇〇ドルもかけないことが多かった。訓練を受ける犬の数は再び増え、ラブラドールやハウンドも従軍した。三八〇〇頭あまりの犬が、ベトナム戦争を経験することとなった。

軍用犬育成プログラムでは、戦地に適した犬種を選び出すとともに、その供給を絶やさないことが重要になってくるが、戦争が終わって軍が引き上げる時、犬を本国に帰還させる問題も出てくる。第二次世界大戦後には犬は国へ帰されたが、ベトナム戦争後には忘れられてしまったらしい。従軍した犬たちは、何千頭も置き去りにされ、南ベトナム軍に採用されたか、一部が主張しているように、食用にされたか安楽死させられた。当時のハンドラーには、犬の命を長らえさせるため、そして可能なら引き取るため、軍への再入隊を志願した者もいる。

軍用犬の状況は今、すっかり変わった。人間は犬の性質と能力への理解を深め、犬が軍内で働く条件は格段に良くなった。兵士と軍用犬の新しい関係は、私たち一般人と飼い犬の関係にも、なにか新しい視点を与えてくれるだろう。

4 わが家のジェイク

私はいままでカイロや、スタビー軍曹のほかにも、多くの軍用犬について書いてきた。そのたびに、自分の愛犬のことを考えてしまう。

栄光のオーラをまとう軍用犬と比べると、九歳になるわが家のジェイクは、軍隊のエリート層に加われるとは、とても思えない。しかしもっと若かったらどうだろう。爆弾を嗅ぎつけ、自分の命をかけ、人命救助のために隊を率いる資質はあったのか。そう思いながら、ジェイクを見てみる。ジェイクといえば、いびきをかきながら寝てばかりか、発見した残飯をくわえてどこかに走り去るか、芝生でごろごろ寝転がるか。どう考えても、ヒーローの要素はない。

しかし、血筋は悪くない。ジェイクは、ラブラドール・レトリバーだ。軍が探知犬として用いることが特に多い犬種だ。ただし、ジェイクが本当にラブラドールか、確信は持てない。ジェイクは生後六か月のころ、サンフランシスコの荒れた地域を徘徊しているところを保護された。私たち家族は、一、二週間なら面倒を見てもいいと言った。長年飼っていたエアデール・テリアをなくしたばかりで、二四時間ともに過ごす家族を、新しく増やす心の準備はできていなかった。だから一時預かりのつもりだった。でも、ジェイクが我が家に一歩踏み入った瞬間、それは二〇〇二年一二月一日だったが、私たちは「やられた」と思った。全速力で入ってきたジェイクの、大きく黄色いふさふさの顔には、満面の笑みが広がっていた。そしてきらきら輝く茶色の瞳は、こう言っているようだった。

「ぼくだよ、ただいまー！　早くぼくに慣れてね」

ジェイクも、良い軍用犬になりえた片鱗を見せることはある。私たちに懐くのが早く、喜ばせようと一生懸命で、私たちのためなら何でもしてくれ（ビーチサンダルを噛むこと以外）、怖いもの知らずで、鼻もいい。どこにおやつを隠しても、ただよってくる目に見えない匂いを一心に見つめ、手に入れる方法を夢中で思案する。結果、成功することが多い。

しかし軍用犬には、ジェイクにないものが、ある。仕事だ。専門家によれば、それが今日の飼い犬にとって一番不足し、様々な問題を引き起こしている。退屈だと、破壊的な行為や、神経質な行動を招きやすい。問題が起きなくても、とにかく日々に楽しみがない。

ロサンゼルスの英雄犬イベントに出席すると、アニマル・プラネット［動物番組を専門とするケーブルテレビ］の番組「イッツ・ミー・オア・ザ・ドッグ」の司会者であり、ドッグ・トレーナーのヴィクトリア・スティルウェルに会った。彼女が言うには、

「犬にはかつて、仕事がありました。そのために訓練を受けたものでした。でも今日の犬は、かわいそうに、一匹でソファに座っているだけなのです。退屈しているのです。仕事を与えなければ

なのです」

ばいけません。仕事によってやる気が起きて、それを楽しめるなら、周りにとっても幸せなこと

ジェイクに仕事を与えていないことを申し訳なく思い始めたが、ジェイクは私に似ていること
に気付いた。フリーランスで仕事をしているようなところがある。夢中になれるものを自ら探し、
そのミッションが完了するまで、全力を注ぐ。

ジェイクが今、夢中になっていることは、犬としてはありきたりなことかもしれない。一日中、
裏庭で、近所で新しく飼われ始めたキカという猫が、塀を越えて入ってくるところを待ち、追い
回すのだ（私が止めに入ると分かっているので、近づきすぎることはない）。キカは、ヒョウ柄
のとてもきれいな猫で、うちの庭で遊びにくるのを歓迎していた時期があった。しかし蝶々を追
いかけまわして殺すのを見てしまった。さらに、私の執筆部屋の窓を開けたときのイヤな匂いの
原因も知ってしまった。キカは、窓の下をトイレとして使っていたのだ。

キカがつけている鈴の音を聞くと、ジェイクは階段を走り降り、裏庭へ駆け出る。キカを追い
かけるジェイクは、木馬のようだ。体は楽しそうに跳ね、しっぽは上下左右に素早く動く。本気
ではない。一、二回、大きく吠え立てれば、キカは塀の隙間からすぐに逃げていく。するとジェ
イクは、一仕事を終えた風情で、やっと休息をとる。

ジェイクは、ごく普通の犬だ。米国で最も多い犬種であると同時に、オス犬としても最もあり
きたりな名前をつけられている。靴を噛んだり、猫を追いかけたり、隠されたおやつを探しだす

ところも、ほほえましいくらい、犬らしい犬だ。

この本には、ジェイクが何度か登場する。読者や友人の飼い犬など、一般の犬がもし戦争にいったなら、と想像したくなったら、本書に登場するジェイクで考えてみてほしい。

ごく普通の犬を登場させることで、軍用犬がどういう存在の犬か、分かりやすくなる。独特な交配によって生まれ、かつ、厳しい訓練を受けるのが軍用犬だが、犬ということに変わりはない。よほど攻撃的でないかぎり、任務を終えれば、ペットとして一般家庭に迎えられることが多い（ベトナム戦争時代とは、その点が著しく違う）。投げられたボールを捕え、褒美に頭をなでられ、おいしいご飯を食べ、大好きな飼い主の近くで寝る……それらをしたいだけの犬がほとんどだ。

そう、「ほとんど」と書いた。「中にはダメな犬もいる」、そう言うのは、空軍に所属するある二等軍曹だ。彼は一〇年ほど、あらゆるタイプの犬と接し、ハンドラーたちと仕事をしたが、懐くように見せかけて、かわいがらせてくれたあとに、手を嚙み切ろうとするタイプの犬もいるらしい。

「そういうときの、やつらの目は『へっへっへっ』と言っているんだ。人間と同じでね。犬の中にも、たちが悪いのがいるのさ」

5 軍用犬のタトゥーにこめられた意味

国防総省は、軍用犬を「装備」として扱っている。つまり公式には、犬はライフル銃や地雷探査機と同じことになる。そうなったのは、第二次世界大戦が終わってからだ。軍が、家庭犬を「ママ」や「パパ」から借りるのをやめ、直接入手するようになってからである。

そんな軍用犬は、ハンドラーが犬を「装備」とみなすことは、けっしてない。ハンドラーの誰もが、自分の犬のためなら命を捧げる覚悟をしているし、犬も同じように思っている。例えば朝鮮戦争時、ジュディと呼ばれた軍用犬のハンドラーが捕虜になってしまい、収容所まで二日も歩かされた。収容所につくと、ハンドラーはジュディだけでも逃げられるように、縄をこっそり解き、早く行けと犬に促した。司令部まで逃げ切れば、きっと助かるだろうと考えたのだ。しかしジュディはけっして、ハンドラーのそばを離れなかった。翌日、中国兵がハンドラーとジュディを、台所に連れていき、そこにジュディをつなげと命令した。ジュディは何のための犬かと聞かれたハンドラーはとっさに、「マスコット犬だ」と答えた。

「その後、銃声を聞いた。ジュディだったに違いない」とハンドラーは書いている。

軍用犬とハンドラーは、戦地に赴くと、四六時中行動を共にする。ドナヒューとフェンジのように、片時も離れることはない。ときとして、ハンドラーと犬は誰よりも深い絆を結ぶことがある。配偶者よりも深いときがある。軍の編成の都合で、ハンドラーと犬のコンビが解消されるとき、多くのハンドラーは号泣する。犬も、新しいハンドラーを無視し続ける……少なくとも、最初の間はそうだ。

使い慣れていたライフル銃や戦闘服のことを思い出し、泣き崩れる兵士など聞いたことはない。犬を「装備」として扱うのは、時代錯誤だ。犬は、人間の兵士とは違うかもしれない。しかし、銃やヘルメットやヘリコプターとは明らかに違う。セサミ・ストリートを見るような小さな子でさえ「一つ違うものが混じっています。どれですか」と聞かれたら、迷わず犬を指さすだろう。もちろん、犬のインストラクターやトレーナーも同じだ。

「犬は『装備』などではなく、リスペクトと優しさをもって接すべき、息をしている動物だということを、はっきりさせたい」と話すのは、エイロッドだ。空軍の一等軍曹である彼は警察犬および軍用犬のコンサルタント業務を行うオリーブ・ブランチ・K9の運営もしている。「犬は、パートナーである人間とのやりとりを、とても大切にする。『装備』なものか」。

軍用犬という四足歩行の戦士のために、新しい分類を作るべきだと話すハンドラーに、数人会った。仮に「動物スタッフ」と呼んだとしても「装備」よりは正確な名称であり、犬を「モノ」扱いしないで済む。ネイビーシールズが敵軍の機雷やダイバーを探すときに用いるアシカやイルカやクジラも、そして軍用犬も、みな動物というカテゴリーに入れたいものだ。

★

この本に登場する軍用犬には、初めだけ名前の次にアルファベットや数字を記すことにする。これは軍用犬に与えられている個体識別番号であり、左耳の内側にインクでタトゥーとして付けられている。犬を装備として見る人にとっては、車のナンバープレートに相当する。犬をそれ以上の存在だと思う人は、苗字と考えてもらいたい。

軍用犬のタトゥーの意味を知れば、その犬がいつラックランド空軍基地に送られたか当てるゲームを、ハンドラーと飲み屋で一杯やりながら遊べる。ラックランドは、軍用犬候補の若い犬が、育成と訓練のために、最初に送られる場所である。識別番号については、ハンドラーも知らないことが多いが、仕組みは単純だ。

年ごとに、アルファベットが付与されている。私がラックランド空軍基地を最初に訪れた二〇一一年は、「R」の年だった。

さて、ジョーという名前のハンドラーが、犬のベラM430に出会ったとする。番号からベラが初めてラックランドを訪れた年が分かる。「M」が今より何年前に相当する年だったか、算数をするだけなのだ。「R」の年である二〇一一年にジョーがベラと会ったなら、「M」と「R」がアルファベットでどのくらい離れているか、「M」から「N」「O」「P」「Q」「R」と数えればいい。すると五文字前であることがわかる。しかし、「五年前だね！」と鼻息荒く結論に飛びついてはいけない。タトゥーでは「G」「I」「O」「Q」を使わないことになっている。ほかのアルファベットや数字と混同しやすいからだ。そこでベラM430の場合「O」と「Q」の二つ分を「引き算」する。すると、ベラは軍用犬育成プログラムに参加するため、ラックランドの基地を三年前に訪れたことになる。さらに、多くの犬が二、三歳のときにラックランドに入るため、ベラの年齢は五歳か六歳だと言い当てることができる。

さ、みんなにビールをふるまおう！

★

スタビー軍曹の影響があるのか、軍用犬はそのハンドラーより階級が一つ上であるという軍内の噂がある。この噂は、ビンラディン奇襲後、特にささやかれるようになった。

実際のところ、軍用犬に階級はない。なにしろ「装備」なのであるから。そもそも、数々のハンドラーとコンビを組む軍用犬は、階級の高い人につくこともあればそうでもないこともあり、そのたびに犬の階級も上がったり下がったりしたら、やっかいだ。もちろん、階級など犬は気にしないが。

しかし、ハンドラーの中には、犬を上官のように扱う人もいるらしい。私自身、そのような海兵隊員に直接会うことがなかったが、陸軍において、特に第二次大戦後は、珍しくなかったそうだ。犬を虐待しないために始まった風習だとする者もいる。上官を虐待すれば、大問題だからだ。国民の共感を得るために、そう言われるようになったという者もいる。そうすれば軍用犬プログラムに賛同し、飼い犬を寄贈しようとする人が増えるかもしれないからだ。

なお、軍用犬の功績を称える祝典においては、犬に階級があるかのように扱われる。ハンドラーたちも、犬の「階級」をネタにして、冗談を飛ばす。

アマンダ・イングラハム陸軍三等軍曹は次のように話す。

「私たちが犬を連れていると、なでてもいいかと聞かれることがあって、階級の低い兵士たちのとき、からかってやるの。『いいけど、整列、休め！の姿勢をとってね。上官にはちょっとは敬意を払いなさいよ』って。もちろん冗談なんだけど、そうすると軍用犬の重要性さを誰もが分かってくれるのよ」

ちなみに、ハンドラーにも、タトゥーをしている者が多い。パートナー犬の名前の入れ墨だ。

さ、みんなにインクをふるまおう！

6
おい、これは六〇〇発分の砲弾じゃないか？

この本を書くための取材を始めたある日、ブランドン・ライバートという人物から手紙を受け取った。元海兵隊三等軍曹だったライバートは、八年間ハンドラーやトレーナーを務めた。二〇〇四年はイラクに派遣され、戦地に駐屯する初のハンドラーの一員となった。今もハンドラーをしているライバートだが、民間の契約会社で働いている。ハンドラーが一体どういうものか、最初にヒントを与えてくれたのがライバートだ。

マリアさん

私はノースカロライナ州MCASチェリーポイント海兵隊航空基地で任務につきました（二〇〇三年三月から二〇〇六年八月）。その間扱ったのは、たった一匹の犬です。名前はモンティE030、パトロール兼爆発物探知犬でした。モンティと私は深い絆で結ばれていました。何でもすぐに学習する犬で、私を喜ばせるのが大好きでした。私は、軍の要求以上の訓練をしたので、モンティが課題を成功させるたびに新しい玩具を与えました。モンティ専用の玩具もありました。ケンネル［犬の飼育場］のなかで、モンティほど玩具を持っている犬はいませんでした。毎朝、トレーニングを始める前に必ず外に行って遊んだものです。パトロール中は、本当はやってはいけないことでしたが、人間と同じ食事をあげていました。イラクに派遣されると、モンティをあちこちへ（基地の食堂、インターネット・カフェ、電話センター等）に連れていきました。みな、モンティと遊んだり、かわいがったり、訓練の手伝いをしてくれました。モンティがずっと一緒にいてくれたおかげで、私にとっても愉快で楽しい時間となりましたが、ほかの隊員にも良い影響を与えたと思います。基地の中でも外でも、同じでした。

イラクにいたとき、海兵隊の創設記念日があり、隊員にステーキ肉が空輸されてきました。モンティにもあげたいから残しておいてくれ、と調理人たちに頼むと、本当に残しておいてくれたので、モンティも一緒に海兵隊の誕生を祝いました。モンティは、大喜びでした。私はモンティのためなら何でもしましたし、モンティも私に対して同じでした。モンティが何かを見つけると、すぐに分かりましたし、モンティが自信を持てないときも、すぐに分かりました。モンティが考えていることは分かったし、モンティも私が何を考えているか分かっていました。それだけの深い絆で結ばれていたのです。私が基地を異動になり、モンティを別のハンドラーに引き渡さなければならなくなったときは、本当に辛かったです。一番の親友を失ったようでした。三年以上も、強く結ばれていたのに、さようならを言わなきゃいけなかったのです。ケンネルで働いていたみなに別れを告げるより、モンティに別れを告げる方が苦しかったのです。でもモンティには新しいパパができる。だからもう、行かなきゃならない。そう、思いました。

本を書くにあたって、示唆に富んだ手紙をいただいた、と私は思った。この元海兵隊員は、自分を犬の「パパ」と呼び、三年の大親友と別れるときは涙が出そうだった、と書いている。モンティへの愛を書き綴ったライバートは、私がそれまで思い描いてきた、タフで戦闘的な海兵隊員のイメージとあまりに離れていた。ライバートが例外なのか。それとも軍用犬のハンドラーとはみなこういうものなのだろうか。

あとで分かったことだが、ライバートとモンティのような深い友情は、珍しいものではなかった。ほかのハンドラーとのインタビューでも、「あの子は、私を守るためなら何でもしたし、私も同じだった」「娘のように思っていた」等の発言を頻繁に聞いた。彼らと話してよく分かったことは、ハンドラーが犬と仲良くなるほど、任務もうまくいくというものだった。つまり、それだけ多くの命を守れるということだ。担当する犬についてよく理解していれば、爆弾なり敵兵なりを探しているとき、犬のわずかなサインも見逃さない。

ライバートが、婚約者のアマンダ・ロシアンとサンフランシスコに立ち寄るというので、面会した。海兵隊員の規則を守らなくてよくなったライバートは、黒髪をきれいにとかしつけて小さなポニーテールを結い、短く整えた顎ひげと口ひげを生やしていた。ロシアンとは、彼女がラックランド空軍基地で獣看護師として勤務していたときに出会った。妊娠したロシアンは軍隊を離れた。しかし、赤ちゃんが生まれるときになって、ライバートは、ドッグ・ハンドラー訓練を受けるため旅立たなくてはいけなくなった。陣痛が始まったと電話を掛けてきたロシアンに、ライバートはこう告げた。

「ごめん。犬のところにいかなきゃいけないんだ」

今も、二人の生活は犬を中心に回っている。私たち三人が海兵隊メモリアルホテルの屋上のバーで会ったとき、ライバートはアフガニスタンへの二回目の契約派遣をすべく、ハイ・セキュリティ・クリアランス［アメリカ政府の機密情報へのアクセス許可］の承認待ちだった。今の彼は、ジャーマン・シェパードのミックス犬メイベルの「パパ」であり、アメリカ国内にいるときは、メイベルを中心に家族旅行を計画し、飛行機は使わず、トラックでロードトリップをする。これからの一年、アフガニスタンにいる間は、ライバートの姉がメイベルを預かるそうだ。ロシアンは今、カリフォルニア大学デービス校の獣医教育病院で獣看護師として働いていて、アルキメデスという名のジャーマン・シェパードを飼っている。

ライバートもロシアンも膝下に犬の足跡の形をしたタトゥーをしている。ライバートの足跡タトゥーは、がっしりと大きく「Dogs of War（戦時の犬）」の文字も入っている。ロシアンの足跡タトゥーは、飼い犬の足を象ったもので、細いイタリック体で犬の名前が書かれている。

互いに自己紹介を済ませると、ライバートは飲み物を片手に、バーのピアニストが「オペラ座の怪人」の曲をすべて弾き終えるほどの時間をかけて、モンティの最高の一日を語ってくれた。それはモンティがイラクで一番の発見をした日のことだった。ちなみに、ライバートの声は、ジミー（ジェームズ）・ステュアートの若い頃にそっくりだ。その声に、語ってもらった。

「私たちは、フサイバという小さな町の前線基地にいた。イラク保安部隊（ＩＣＤＣ）の小隊への攻撃予告があったと、基地の司令官が情報を手に入れた。脅迫してきた武装勢力は、この小隊が利用していた建物を乗っ取るつもりだった。事態を重くみた小隊は、撤退した。でもそこは、前線基地から数百メートルしか離れていない。建物が占拠されたら、次は私たちの基地が狙われるだろうと危惧した」

「そこで私たちが建物に向かったが、特に攻撃はなかったので、爆発物がないか探し始めた。中に入り、モンティを先頭に奥へと進むと、途中で、解体された対戦車地雷と迫撃砲弾が見つかった。さらに奥に入ると、モンティはぐるぐる同じところを回り始めた。匂いが強すぎてどこから来ているか分からないときに、モンティが取る行動だ。この部屋には、いくつかの大きな鉄の箱しかなかった。それにモンティを近づけて、さらに探させた。するとモンティはここだと合図した。何かが入っているのは確かだった」

「箱の一つが少し開いていたので、何にも触れない範囲で、できるだけのぞいてみた。すると、銃弾がずらっと並んでいた。担当の三等軍曹に報告し、二人の海兵隊員にそのエリアを警備させ、私たちはほかの場所も探した。隣の部屋で、さっきの弾を入れて使う兵器を見つけた。回転台つきの対空砲だった。モンティは、壁に沿って積み上げられた埃やごみにも、反応した。あたりを厳重に警備し、処理班に来てもらい、反応したところをすべて調べてもらった」

「処理班によると、一五五ミリの弾丸と、対空砲の弾が六〇〇発以上もあったらしい。それをモンティが見つけた。私たちK9グループがイラクにいる間に見つけた最大の発見だった。本当に誇らしかった。モンティもうれしそうだった。いい仕事をしたと分かっていた。玩具のために、そして私のために仕事をするのが大好きだったから、モンティにとっては楽しくて仕方なかっただろう」

モンティが弾丸を見つけていなかったらどうなっていたか。そう、ライバートに尋ねた。「もし、あれが使われていたとしたら」とライバートは答えかけて、しばらく口をつぐんだ。「考えたくもないね。あれだけの弾薬で、何をされたかなんて」。

モンティとライバートの冒険の話は、さらに続いた。モンティの存在だけで、ほかの隊員の気持ちが和んだこと。モンティが課題を成功させるたびに与えた、たくさんの玩具のこと。「何かいいことをしても、毎回同じステーキを褒美にもらっていたら、いくらなんでも飽きるよ」とライバートは話す。

やがて、ライバートとモンティの別れ話になった。バーのピアニストは今「アルゼンチンよ、泣かないで」を弾いている。新しい飲み物が、置かれた。

イラクから戻ったライバートとモンティは、ケンネルで数か月過ごしたが、モンティは別のハンドラーと再びイラクに行くことになった。ライバートにとっては、わが子を、別の親に引き渡す気分だった。「本当に心がかき乱される、辛い経験だった。私たちは特に一緒の時間が長かったから」。でもそれは、ドッグ・ハンドラーの宿命だということも、分かっていた。彼は覚悟を決めた。

もう、モンティとはあまり関わってはいけないことになっていた。新しいハンドラーとの絆を作らなくてはならないからだ。ライバートは、フェンス越しに撫でてやることがほとんどだったが、ときどきケンネルに入って、抱きしめてやった。「そういうときは、こう言ったよ。『僕はもう、継父なんだ。新しいパパは、あっちだ』」。

モンティは新しいハンドラーとイラクへ行き、任務を終え、再び無事に帰ってきた。帰国してすぐ、モンティの引き取り先探しが始まった。健康が理由らしかったが、ライバートは詳細を知らされなかった。すぐに引き取り希望を出したが、モンティは既にもらわれた後だった。おそらく、別のハンドラーに引き取られたのだろうが、それが誰だか分からなかった。モンティの貰い手を決めたケンネル職員と、ライバートが喧嘩したからだ。ライバートは詳しく話さない。それから四年間、二〇〇六年から二〇一〇年までライバートはラックランド空軍基地で仕事に没頭した。基地を離れたのは二〇一〇年の半ばだった。民間会社でドッグ・ハンドラーをした方が、収入がいいからだ。

契約ハンドラーとして数か月過ごしたアフガニスタンでは、ロビという黒いシェパード犬とコンビを組んだ。それも悪くなかった。しかしモンティの代わりになれる犬はいないと、ライバートは話す。もしモンティが生きていたら、高齢になっているはずだ。元気にしているだろうかと、今もときどき思い出すらしい。

「飼い主に、よく面倒をみてもらえているように、退役犬にふさわしい日々を送れているようにと、ただ願って祈るだけだよ」

7 これぞ、人生

もし、知り合いに軍用犬ハンドラーがいたら、聞いてみてほしい。仕事は好きかどうか、と。するとほとんど誰もがこう答えるはずだ。「世界一の仕事だ」と。今回の取材で、この発言を一番多く聞いたかもしれない。みな、地獄のような日々を送っているはずだ。撃たれて、殺されるかもしれない危険に、毎日さらされる。それでも「あの子と一緒に働けるなら、ほかの仕事なんてありえない！」「大変なことは多いし、残業だらけだけど、なんたって『犬』と一緒なんだ！」と言うのだ。

このような人たちは、男性であれ女性であれ（女性ハンドラーは一〇％ほどしかいない）、必ずしもそれまでに犬関係の仕事をしてきたわけではない。しかし厳しい訓練を経て、犬とパートナーになると、この仕事に夢中になる。ハンドラーは、血液型がA型の人が多い。彼ら自身も言うことだが、犬との相性が良いのである。もちろん、ヒト嫌いなのではない。犬の性格を把握するのが得意なのだそうだ。戦地に赴くハンドラーは、自分の命を犬に託すことになる。戦地において、犬の心も魂も、知り尽くすようになる。「人間よりいいと思うのは、はるかにシンプルで、ピュ

ア な心を持っていること」らしい。

ハンドラーが最も恐れることの一つは、米軍ケンネルの犬が不足し、ただの憲兵隊員になることである。ハンドラーには憲兵隊の出身者が多い。しかし犬と行動し、絆を結ぶ経験をすると、憲兵隊はひどく寂しいところに感じられるという。

コーリー・ウィーンズ陸軍伍長は、地雷探知犬のラブラドールを、「息子の」クーパーと呼んでいた。いろいろな玩具を与え、イラク従軍中は同じ寝床に寝ていた。

二〇歳だったウィーンズは、クーパーと少しでも長く一緒にいられるように兵役を終えても再入隊する予定だった。そしてクーパーが退役したとき、引き取るつもりだった。しかし、そのチャンスはめぐってこなかった。ウィーンズとクーパーは、二〇〇七年七月、パトロール中にIEDで命を落とした。

ウィーンズがどれだけクーパーを愛していたか知っていた遺族は、一人と一匹を、同じ墓に埋めた。ウィーンズの地元、オレゴン州ダラスの墓地である。

8 死と隣り合わせの戦地で、犬と過ごす

イラクでは大変だったことが、アフガニスタンではさらに悲惨だった。

アフガニスタン従軍中のハンドラーで最初に接触できたのが、マーカス・ベイツ陸軍二等軍曹だった。Eメールで彼は、軍人らしい礼儀正しさで自己紹介をしてくれた。「私はアメリカ陸軍に仕えるベイツ二等軍曹、名前はマーカスです」。ベイツは、パートナーである三歳のベルジアン・マリノワ犬、デイビーN532について伝えたいと書いてきた。なんだかメス犬らしくない名前だ。

ベイツとデイビーは、第二五砲兵連隊第四大隊の支援のためカンダハル地方に従軍し、六三・五キロもの爆発物と、二つの手りゅう弾、二つの迫撃砲弾を発見した。

「任務に出発するたび、ほぼ毎回、戦闘に巻き込まれます」とベイツ。そんな彼は、デイビーを一級のパトロール兼爆発物探知犬だと話す。国内の基地でコンビを組んでからアフガニスタンにいたるまで、一緒になって一九か月経つ。「彼女（デイビー）を信じて、自分の命を任せています。それができなかったら、私はここにいません」。

ベイツは以前にも、ハンドラーとしてイラクに派遣されたことがある。しかしデイビーにとっ

ては初めての戦争だ。それどころか、ハンドラーと組むのも初めてだ。しかしベイツとは最初から相性が良く、寝るときまで一緒だ。眠りにつくとき、デイビーは頭をベイツの胸に乗せるが、朝になると足元で丸くなっているらしい。

犬種にしては小柄なデイビーは体重も二〇キロしかないが、ベイツにとってはその方が、寝るときにありがたいだけでなく、任務上も都合が良い。地雷の多いブドウ畑に張り巡らされている高さ一・五メートルほどの泥壁も、デイビーは自分でよじのぼり、越えていくことができる。ほかのハンドラーは、三五キロ以上もするジャーマン・シェパードを抱きかかえ壁を乗り越えなくてはならない。だからベイツはデイビーに感謝している。武器や火薬、犬と自分の二日分の食糧と水で、二〇から三〇キロもの装備を着用していることを考えると、なおさらだ。

一一月のある日、ベイツとデイビーがブドウ畑でパトロールしていると、七〇メートルほど先から敵の銃火を浴びた。「この辺りのブドウ畑は、本当にいやです」とベイツは書く。

アフガニスタンのブドウ畑は、欧米で見るような、管理の行き届いた、緑の生い茂る畑とは似ても似つかない。ここでは、木々が這いつくばるように雑然と並び、その間に泥でできたじめじめとした溝があるが、多くは雑草で見えない。こういう溝は、IEDの隠し場所として悪名高い。爆弾が溝にあるせいで、爆発したときの破壊力はかえってすさまじくなる。新しい世代の、新しい戦地だ。

弾丸が飛んでくる中、ベイツたちは防御態勢をとりつつ、反撃を始めた。溝の多い危険ゾーン

束の間の休息をデイビーと楽しむマーカス・ベイツ陸軍二等軍曹。©MARCUS BATES

を抜け、敵に迫った。ベイツはデイビーを連れ、隊長とともに、銃で撃ち返しながら、距離を縮めた。

敵兵は、すぐに逃げ出し、どこかへ去っていった。しかし彼らが仕掛けた罠は、残っていた。泥の中、ピンと張られた銅線だった。

ベイツたちが銅線をたどっていくと、畑にある小屋にたどり着いた。泥でできた小さな小屋の壁は厚いが、穴があけられていた。果物をつるしておくための穴だ。季節によっては、アヘンやマリファナがつるされる。

デイビーの鼻を先頭に、隊は小屋に入っていった。銅線はさらに続いていて、電池に接続されていた。コマンド・ワイヤー型のＩＥＤだ。電池が接触を感じた瞬間、起爆の「コマンド」が発せられ、爆発が起きる仕組みである。そのとき、ふと、ベイツが見ると、薪が積まれた一角を、デイビーが座って見つめていた。頭を少し下げ、一心に見つめる姿は、面白い本を読みふけっているように見えた。

「そのとき思いました。デイビーがたいへんなものを見つけたと」

ベイツが積み上げられた薪にそっと近づき、のぞきこむと、二つの手りゅう弾がついたベストと、地元の敵兵の情報が隠されていた。そのすぐ後、小屋の近くで、二つのＩＥＤも発見した。

★

このような話を聞くと戦地におけるハンドラーと犬の絆は強いことが明らかだ。しかし、話を進める前に、ここで一度、考えてみたい。戦争に犬を使うことは、良いことなのだろうか。危険な目に遭わせる権利など、私たちにあるのだろうか。人間同士が対立して起こした戦争で、なぜ犬が死んでいかなければならないのか。戦争に行くかどうか、犬には発言権がない。徴兵され、忠誠を尽くすのみである。死についても理解していないかもしれない。犬にとっては、ある意味、壮大なゲームかもしれない。ボールを追いかけ、ハンドラーにじゃれつき、楽しく遊んで、褒められるというゲームだ。

この疑問への、納得のいく答えはない。私は、犬が大好きだ。初めて軍用犬に出会ったとき、その犬を連れて遠くへ逃亡したい衝動に駆られた。カリフォルニアのフェアフィールドに近いトラヴィス空軍基地でのことだった。軍用犬は、楽しそうにしていたが、翌月には戦争に行くことを知ってしまった。当然、犬は気にも止めていなかったが、何も知らないからこそ、その運命に胸が痛んだ。私は、よっぽど言いたかった。

「ねぇ、あそこに、古いステーション・ワゴンがあるでしょ？ あと少ししたら、あそこで落ち合いましょう。気持ちのいい犬用のベッドもあるし、ジェイクって子もいて、きっと気が合うから！」

その後何か月かを経て、多くのハンドラーや軍用犬と知り合いになり、彼らが結ぶ絆の強さ、救う命の数についても知るようになった。理想的とはとても言いがたい環境に住む犬たちだが、軍用犬には一般家庭で甘やかされて育つ犬にはないものがある。それは目的だ。つまり人生において大きな意味を持つもの、である。

それは、誰もが欲するものなのではないか。

軍用犬がどれほど素晴らしい生き物か、すこし分かり始めた。もし私も戦争にいかなければならなくなったら、軍用犬のいる隊にいきたい。私の子どもが軍隊に入るとしたら、そういう隊に配属になってもらいたい。

しかし、軍用犬とは、そもそもどういう犬なのか。読者の犬や、わが家のジェイクや、近所で飼われている、いかつい風貌のジャーマン・シェパードとも、何かまったく異なる、特別な資質を持っているのか。訓練だけで軍用犬になれるのだろうか。血統も関係しているのか。本書の第二部では、それらを中心に取り上げたい。

II

生まれと、育ちと、訓練と

9 お買い上げは、ヨーロッパ

犬に向けて、「最高の君を発揮しよう！」といった入隊勧誘キャンペーンは聞かない。犬は、リクルーター［アメリカで軍隊に勧誘する職業］を訪問して、民間にとどまるべきか入隊すべきか、悩んだりしない。日々を、カウチ・ポテトをして過ごすか、戦士として過ごすかの、決定権もない。

一九八〇年代の半ばから、国防総省は軍用犬の調達先としてヨーロッパに注目するようになった。そのようなアメリカに対し、ベルギー、オランダ、ドイツ、フランスから提供された犬は、基本的に規格外だった。一〇〇年ほど前、あるいはそれ以上前からおこなわれている使役犬の訓練競技会のために、飼育された犬の副産物といえるものだった。熱心なアマチュアたちは、警察犬作業ができる犬を繁殖し、飼育し、訓練を施し、残った犬はどの機関にでも売った。こうした犬はヨーロッパ内で需要が高まり、マーケットが生まれた。

軍用犬は、国に仕える犬である。しかし、生まれはまったく違う国のことが多い。生まれた国に奉公するなら、犬たちは、ブルガリアやチェコ、スロヴァキア、ハンガリー、ポーランド、オランダ、ドイツの軍用犬になる。米軍で活躍する犬の中にはアメリカ生まれのものもいるが、ほとんどがヨーロッパ生まれだ。アメリカの仲買人が買い付けてくるのである。

国防総省としては、米国企業を第一に応援し、アメリカ生まれの犬をこそ調達したいに決まっている。それでもヨーロッパから買い付けるのだから、欧州産の犬はどんな特別な資質を持っているのだろう。アメリカでは生まれ得ない素晴らしいものなのだろうか。うちの愛犬ジェイクや、ほかの普通の犬たちにはないのか。家庭犬も、軍用犬になりえるのだろうか。軍用犬になるための厳しい適正試験に、うちのジェイクは合格することができるのか。せめて、子犬の頃だったら合格しただろうか。

犬の入手や育成にまつわる数々の質問を、スチュアート・ヒリアードに尋ねることにした。軍用犬育成プログラムの責任者を何年も務め、今も犬の入手審査にかかわっている。「ドック・ヒリアード〔ヒリアード先生〕」もしくは「ドック〔先生〕」と呼ばれる彼は、サン・アントニオ郊外の乾燥した岩だらけの大地に建つラックランド空軍基地に勤務する民間人だ。ラックランドは、軍用犬界の中心地と言っていい。ここで、最近建てられた新しい施設に入ってみよう。

まず、入館に際し、ロッカルDと呼ばれる、緑色の殺菌液を注いだバットの中に、靴底を浸さなければならない。この溶液は、映画『ロジャー・ラビット』に登場する、あらゆる物を溶かす液体「ディップ」を思い出させる。案内してくれているジェリー・プロクターと私は、濡れた靴から消毒の匂いをさせながら、階段をあがっていった。

ヒリアードが「ドック」と呼ばれるのは、行動神経科学の博士だからだ。そんな彼は、行動神経科学を『動物の研究』をカッコよく言い替えた言葉」と説明する。「ドック」というあだ名から、小太りで、丸メガネをかけ、白い口ひげをたくわえた背の低いおじいさんを想像していたが、大会議室に入ってきた「ドック」は、ひげをきれいにそり、茶色の髪をした一九〇センチをゆうに超える長身の男性だったので、すこし驚いた。

ドック・ヒリアードは、何十年も、パワーのある大型犬を相手に、あらゆる分野で働いてきた。使役犬の訓練に携わるようになったのは一九八〇年、シュッツフント等のヨーロッパで人気のドッグ・スポーツを専門としたときからだ。勇気、保護本能、知能、忍耐力など、警察犬や軍用犬にとって必要不可欠な要素を競うスポーツだ。「ドック」は業界で有名になり、アメリカの軍用犬プログラムの運営者に選任された。一九九七年からラックランドに勤務し、犬の行動評価から訓練の監督まで、あらゆる業務に携わっている。最近の主な仕事は、最高の使役犬になりうる犬を、軍の予算内で調達することである。

ドックは年に五回か六回、獣医や獣看護師、ハンドラー、審査員らとともに、サン・アントニオからヨーロッパに渡り、軍用犬になりうる犬を買いつける。この出張中、ドックたちは五か所のドッグ・ブローカーを訪れるのだが、ほとんどはオランダにある。毎年数百頭もの軍用犬を国防総省に供給するためだ。

犬の売り主を「ブローカー」と呼ぶのはいかにも温かみがないが、似たような「仲買人」という言葉は響きがもっと冷たい。しかし何度もいうが、犬たちは「兵士」ではなく「装備」の扱いだ。仲買人は、ブリーダーから買った犬を国家や警察などに販売する。彼らはブリーダーと親密になり、軍にとって一回の買いもので何でもそろえられるデパートのような存在となるべく、年間で数百頭もの犬を買いつける。

仲買人訪問はノミ市に例えられることもあるが、何十何百もの物品（犬）が一か所で展示されていること以外、類似点はあまりない。米軍は、ほかの国と値段で競ることはない。例えば、ドック・ヒリアード達が犬を買いに行く日、訪問者は米国人しかいない。値切りもしない。例えば「この子は、あっちの犬の倍は価値があるよ！　あのイエメン人ならいくらで買ってくれるか、教えてあげたいよ。ちなみに南アフリカから来たあのバイヤーなんてもっとすごいんだから！」といったやり取りは、まったくない。値段は、政府が厳しく定める購入の規約や制約に沿って定められる。アメリカ国防総省の場合、条件を発表すると、その条件を満たす犬を最安値で提供できるよう、ブローカーたちが競う。

どの犬がいくらするかという類の話は、ドック・ヒリアードをはじめ、誰もしない。「ドック」から聞き出せた唯一のことは「新車は買えない金額だけど、いい値段だ」。別のバイヤーから聞いた話によると、米国が大量購入する場合、デュアル・パーパス・ドッグ（パトロール兼探知犬）は一頭三〇〇〇ドルから四五〇〇ドルで買えるという。毎年、買っている犬の頭数を考えるとだいぶ値段がかかるが、ほかの国より出す金額ははるかに少ない。

例えばイスラエル軍は、最も強く、最も溌剌とした犬を、最高値で買うことで知られている。

軍用犬一頭に対し、七〇〇〇ドル以上、場合によってはその倍の値段で買うらしい。もちろん、イスラエルは、アメリカより購入頭数がはるかに少ないので、一頭にかけられる金額も大きくなるのだが、アメリカのハンドラーやトレーナーの中には、戦闘に耐える肉体と精神を併せ持つ、より良い血統の犬を求める者、そのためにより多くの拠出金を希望する者が、少なくない。

「最高値をつける犬と比べて、われわれが買う犬は、ベストではない。買い付けチームは、予算内で一番良い犬を入手してくれるし、トレーナーやハンドラーは、見込み薄の犬をも素晴らしい軍用犬に育てるが、本当は、もっと良い犬を買えたらと思う」と語るのは、長年軍用犬トレーナーとして勤める人物だ。

しかしドック・ヒリアードによれば、お金をかければよいという問題ではない。訓練と成長によって、犬はゼロから六〇点まであっという間に伸びるという。

「一級の犬も、いっぱい購入しているし、訓練の最初の頃は一級に見えなかった犬も、成長と経験で素晴らしい使役犬になる」

軍用犬プログラムで定められた肉体と行動の基準を満たさず「不適格」となる犬は、買い付けてくる犬の一〇％ほど出てくるらしい。原因は買い付けチームが長時間かけた審査でも明らかにならないものだ。大きな銃声や爆発音への恐怖、あるいは必要不可欠とされる基本任務の遂行不能などだ。人間と同じように、単に学習スピードが遅いだけの犬もいる。「アインシュタインのような犬もいれば、確実に頼れるタイプの犬もいる」と話すのはラックランド基地のダニエル・E・

ホランド軍用犬病院の獣医で、行動医学と軍用犬研究の主任を務めるウォルター・バーグハートだ。犬の基礎訓練にかけられる時間は限られている。遅い犬はどうしても不合格にせざるを得ない。

不適格とされた犬は「トレーニング・エイド」として、ラックランド空軍基地のドッグ・ハンドラーの見習いを助けて活躍する。パトロール兼探知犬になるほど攻撃性のない犬は、爆発物探知だけをする犬として派遣されることもある。警察犬として各地に配備されることもある。あるいは民間人にもらわれることもある。

不適格率一〇％というのは、五、六年前と比べたら悪くない。その頃は買い付けた犬の四分の一は不適格になっていた。トレーニング法の改変（ムチを減らしてアメを増やす方法）によって優れた軍用犬が増えた、というのが、軍用犬プログラムに一〇年来関わってきた人たちの証言だ。うなずける話である。すべてを完璧に遂行できないと嫌な態度を取る人より、厳しすぎず長所を褒めてくれる人の下でこそ働きたいのは人間も一緒だ。

強い軍用犬を育てるために必要なことは何か。その知識が深まっているからこそ、買い付けてきてから軍用犬に育つ犬の数が増えているのだろう。ヒリアードたちは、低予算で買った犬でも資質があるはずと、勤務時間のほとんどを仲買人での審査に割き、犬の健康面からボールを追うのが好きかどうかまで、あらゆることを評価している。

10 さまざまな軍用犬の仕事

軍用犬は、生まれも育ちもそれぞれだ。仕事内容が多岐にわたるため、犬の種も出生地もあえて一つに絞らない。軍の中でどの犬種がどの仕事を担当するかを話す前に、まず、どのような仕事があるかを見てみたい。一匹を知ればすべて知った気になりやすいが、任務は実に様々だ。犬と働く、陸軍、海軍、空軍、海兵隊の兵士たちも、仕事内容がまったく異なるのと同じである。

軍は何もかも略称で呼ぶ。COPPER（Chemoterrorism Operations Policy for Public Emergency 化学兵器テロによる非常時に対する作戦方針）のように洗練されたものから、POO（Point of Origin 出所、原点）のようにバカバカしいものまで、様々だ（任務を始めるにはPOOに戻らなければいけない、と、あるハンドラーが話したとき、変な光景が頭に浮かんだ［「poo」は大便のこと］）。軍用犬も同じで、頭文字で表されるものが多いが、分かりやすさのためにまず、仕事のタイプを大きく二分しておこう。

シングル・パーパス・ドッグ（Single Purpose Dog）とは、仕事の目的が一つしかない犬である。爆発物を嗅ぎ出すか、薬物を嗅ぎ出す（コンバット・トラッキング・ドッグなら、特定の人間の行方を嗅ぎ出す）。このような活動に選ばれるのは、猟犬が多い。ラブラドール・レトリバー、ゴールデン・レトリバー、チザピーク・ベイ・レトリバー、ヴィズラ、ポインター等だ。ジャック・ラッセル・テリアや、小さなプードルも活躍することがある。

シングル・パーパス・ドッグに、攻撃性は求められない。嗅覚が優れていることが重要で、ガブリと噛みつけなくてもよい。防衛本能が過剰になって攻撃する犬もたまにいるが、死ぬほどぺろぺろ舐めてくる可能性の方が高いと、ラブラドールのハンドラーの多くは証言するだろう。ちなみに、特定の人物を探したり地雷探知のような仕事なら、デュアル・パーパス・ドッグ（Dual Purpose Dog 二つの目的のために働く犬）に採用されやすいジャーマン・シェパードやベルジアン・マリノワ、ダッチ・シェパードが使われることもある。その場合も、麻薬か爆発物のどちらかを探知するように訓練される。両方のことはない。考えてもみてほしい。バルコスM429が見つけたのはヘロインなのか地雷なのか、ハンドラーとしては悩みたくない。「犬が『ここだ！』と教えてくれるとき、すぐに立ち去って処理班を呼ぶか、すぐに進んで犯人逮捕すべきか、即決しなくてはならないから」と、ドック・ヒリアードも話す。

シングル・パーパス・ドッグとは、次のような任務を遂行する犬だ。

ＥＤＤ（explosive detector dog 爆発物探知犬）――一般に「シングル・パーパス・ドッグ」と言えばこの犬を指すことが多く、軍のあらゆる部隊で活躍している。ハンドラーになるのは、ラックランド空軍基地で何か月もの研修を受けた憲兵である。

NDD（narcotics detector dog 薬物探知犬）――EDDと同じだが、探すのは麻薬である。

SSD（specialized search dog 特別探知犬）――EDDより一歩踏み込んだ仕事をおこなう。つまりリードをつけず、ハンドラーから離れて爆発物を探すのだ。手のシグナルで指示を受けたり、背中につけたレシーバから聞こえる指示に従ったりする（空軍と海軍にSSDはいない）。デュアル・パーパス・ドッグに向くとされるジャーマン・シェパード等が、この任務に使われることがある。

CTD（combat tracking dog コンバット・トラッキング・ドッグ）――即席爆弾や起爆式の武器を見つけるのはEDDやSSDだが、爆弾を埋めた犯人を捜すのは、数々の訓練を受けたCTDだけである。海兵隊のみのプログラムだ。シングル・パーパス・ドッグの仕事に分類したが、最近ではデュアル・パーパス・ドッグとして活躍する犬種を、この仕事に使うことが多い。「ラブラドールじゃ話にならないよ、この仕事は」と話すのは、長年CTDのトレーナーをする人物である。CTDは通常、長い伸縮リードをつけて仕事をする。

MDD（mine detection dog 地雷探知犬）――地中に埋められた爆弾や武器を、慎重に時間をかけて探す。陸軍のみのプログラムだ。ラブラドール、シェパード、マリノワに向くとされる。

TEDD（tactical explosive detector dog 戦術的爆発物探知犬）――ラックランド空軍基地にこの育成プログラムはない。実施するのはコントラクター［契約業者］であり、通常はアメリカの仲買人から買い付けた犬を使用する。このプログラムは、IED探知のために、嗅覚の優れた犬をさらに投入すべきというデビッド・ペトレイアス元陸軍大将の要求によってつくられた暫定的なものだ。ハンドラーは、派遣された隊の中から選ばれ、短期間の訓練を受けた歩兵がなる。犬を訓練するのは、コントラクターである。

IDD（IED detector dog IED探知犬）——TEDD同様、爆発物探知犬の需要が急増して作られた暫定プログラム。海兵隊が運営しており、国防総省の軍用犬プログラムで活躍する猟犬の大半は、このプログラムに属している。訓練は、米国全土のブリーダーや仲買人から犬を買い付けたコントラクターがおこなう。こういった犬のハンドラーとなる歩兵の訓練もコントラクターがおこなう（IDDやTEDDのハンドラー訓練期間は、ほかの軍用犬ハンドラーの訓練期間よりはるかに短い。安全かつ効果的な活動をおこなうには短すぎる、と懸念する声も多い）。

一方、デュアル・パーパス・ドッグの目的は二つある、パトロール活動（防衛と、必要に応じて攻撃）と、探知活動の両方をおこなう犬のことである。簡単なスカウティングもする。スカウティングとは、空気の匂いを嗅いで、特定の人物の行方を探る行動のことだ。デュアル・パーパス・ドッグは、ドック・ヒリアードのチームが最も多く育成している、国防総省の軍用犬である。デュアル・パーパス・ドッグの多くは、ジャーマン・シェパードや、ベルジアン・マリノワ、ダッチ・シェパードである。シェパードたちは東欧から、マリノワたちはオランダなど西欧から買われてきたものが多い。

国防総省に採用される犬は、純血種でも登録種でもなくて良い。大切なのは能力であり、血統書ではないのだ。実は、純血種ではない方が元気であり、問題も生じにくい傾向にある。特に、ベルジアン・マリノワとして売られている犬は、ミックスが多い。

例えば、より大型のマリノワがほしいとき（マリノワはここ数年で体格が明らかに良くなった）、ブリーダーは、躊躇せずマリノワとグレートデーンを交配させる。神経質で気の弱いマリノワではなく、より力があって頼れる犬がほしいとき、ブリーダーは、マリノワをシェパードと交配させる。ほかにも、明らかにボクサーの血が混ざったマリノワや、ボクサーとピットブルの血が混ざったマリノワ、ボクサーとブーヴィエ・デ・フランドルの血が混ざったマリノワなども見かけると、ドック・ヒリアードは話す。

交配が何度もおこなわれると、様々な血統が混ざり、その犬の大元の種を特定することが難しくなる。ある犬を、マリノワと呼ぶかシェパードと呼ぶかは、最終的には、顔立ちがどちらに似ているか、体のラインがどちらに似ているかで決めることになる。例えば、おしりから太ももにかけて丸みを帯びていることが、その犬をシェパードと呼ぶ決定打になることがある。

デュアル・パーパス・ドッグの職種リストは、ありがたいことに、シングル・パーパス・ドッグほど長くない。ただ一つの任務を与え、それに専念させるのがベストだという人もいるが、ハンドラーたちに言わせれば、デュアル・パーパス・ドッグも問題なくしっかり働く。

PEDD（patrol explosive detector dog パトロール兼爆発物探知犬）——PEDDは、国防総省の軍用犬プログラムの中核を担う。ハンドラーとなるのは、憲兵隊など、法執行機関に属する者だ。爆発物を嗅ぎ出し、パトロールをおこなう。基礎的なスカウティング能力も有する。

PNDD（patrol narcotics detector dog パトロール兼薬物探知犬）——任務はPEDDと同じだが、嗅ぎ出すのは麻薬である。陸軍、海軍、空軍、海兵隊にも配備されている。

MPC（multi-purpose canine 多用途犬）——カイロのように、特殊部隊に属する犬である。MPCは一つの部門であり、職務内容そのものでもある。PEDDがおこなう任務をすべて遂行できる上に、やる気に満ちたMPCたちは、パラシュートやロープを使った降下にも耐えることもある。防水の戦闘ベストから、暗視カメラや赤外線カメラまで、様々な犬用の装備をつけることもある。非常に柔軟性があり、環境適応能力が高く、何事にも動じない。エイロッドは次のように表現する。「これだけのことができる上に、悪い奴を追って火の海を走り抜け、必要とあればズタズタに引き裂くことができる犬だよ」

11 ラーズのように小さい犬もいる

攻撃型原子力潜水艦ノーフォークは、ペンキ臭がただよう。配備中にステルスモードに入れるよう黒に塗りたくられているからだ。この潜水艦が遂行する任務は重大だ。

なのに、この暑い七月の日に、ドックやデッキの兵士たちが笑っている。「まったく、この船にはそぐわないやつだよね」と笑っているのは、たくましい体格で船員をまとめているショーン・クレイクラフト上級上等兵曹だ。ほかの者も、笑ったり指さしたり写真を撮ったりしている。

彼らを笑わせているのは、ラーズJ274だ。体重が約七キロしかないジャック・ラッセル・テリアである。硬い毛に覆われたこの水兵テリアは、すき間の調査の達人だ。

「テリアにご用心！」と誰かが叫ぶと、周りはさらに沸いた。ハンドラーである海軍憲兵隊員カメロン・フロスト三等兵曹は、ラーズと組んで二週間にも満たないが、パートナー犬がこのようにからかわれても動じない。このときもフロストは言いなれた様子で答えた。「僕の鞄に、ラーズを入れて運ぶように指示したところだよ」。

ラーズは麻薬犬になるはずだったが、スクールで手違いがあったのか、EDD（爆発物探知犬）

の訓練を受けた。でも、それがラーズの天職のようだ。自信に満ちた主張の強い犬で、歩く姿も堂々としている。

フロストが海軍に入ったのは、どうしてもドッグ・ハンドラーになりたかったからだ。入隊するや、犬小屋を掃除し、犬に餌を与え、ケンネル・マスター〔飼育場の主任者〕の要望は何でも聞き、ハンドラーになりたいとアピールした。

その甲斐あって三年後、フロストはラックランド空軍基地でハンドラー・コースを受けられることになった。ジャーマン・シェパードやベルジアン・マリノワを使った厳しいコンバット・トレーニングにも喜んで取り組んだ。ヨークタウンの海軍武器基地に戻ったフロストは、パトロール兼薬物探知犬ロキオL241と組んだ。彼らはすぐにアフガニスタンに派遣されたが、バグラム空軍基地内で過ごすことがほとんどだった。コンビ解消の時期になると、フロストとロキオはアメリカに帰国した。ロキオは別のハンドラーと組むことになった。

フロストも新しい犬とパートナーになった。それがラーズである。コンビ結成は、私がノーフォーク号でフロストと会う一〇日前のことだった。七歳のラーズは、爆発物探知の世界ではベテランの域に入る。素晴らしい嗅覚と、仕事への熱意溢れる犬だ。

そんなラーズだが、戦地に配備されることはない。体が小さすぎるのだ。一歩、踏み場所を間違えれば、爆弾の威力を小さい体に受けて怪我をするどころか命を落とす可能性が高くなる。

海軍は、船や潜水艦に隠された麻薬や爆発物を嗅ぎ出すためにジャック・ラッセル・テリアを使う。もともと、ネズミ捕りのために育種された犬だけあり、狭いところにも体をねじ込みどんどん進む。真珠湾を含め、アメリカの軍港はジャック・ラッセル・テリアだらけだ。

ラーズのような小型犬は、パトロール犬の訓練を受けることはない。地面から三〇センチほどしかない動物の防衛力には、限界がある。でもそのことは、ジャック・ラッセル・テリアには内緒だ。背は低くても、自己評価は高い。

「ラーズは『ナポレオン・コンプレックス［背の低さがコンプレックスとなり、強気な態度を取ること］』があるんだよ。ときどき本当に手を焼くよ」、フロストはそう言いながら、ラーズをひょいと犬小屋から持ち上げ、腕で抱きかかえた。

「水やりホースを持たずに、えさ用ボウルを持ち出しちゃいけない。攻撃してくるからね。ボウルがあるとき、ブーツの先を犬小屋に向けただけで襲ってくる。俺のブーツの噛みあと、見えるかい？　これは全部ラーズがやったんだ」

ラーズのえさ用ボウルを小屋から取り出すには、かならずホースを持っていないといけない。ほかのテリア同様、ラーズも濡れるのは嫌いだ。ホースを見た瞬間、ラーズは犬小屋の奥へと逃げていく。そのすきに、えさ用ボウルをつかんで、急いで小屋をしめなければならない。

水は嫌いでも、ペットボトルは大好きなラーズだ。ペットボトルを見た瞬間、取りつかれたようになる。空でもそうでなくても、ペットボトルと分からないほど潰れた容器でも、どれも大好きだ。爆弾を探しているときにペットボトルを見つけてしまった場合「取り上げないとダメだね。

上—軍用犬と言えば大型、というわけではない。ナポレオン・コンプレックスの持ち主、ジャック・ラッセル・テリア犬のラーズ J274 は、潜水艦に仕掛けられた爆弾を探すのに最適なサイズだ。©U.S. NAVY PHOTO BY PETTY OFFICER SECOND CLASS PAUL D. WILLIAMS
下—米国船ノーフォークの寝棚から寝棚へと移されるラーズ。どの高さでも爆薬をかぎ分けられるよう、ハンドラーが手伝う。©U.S. NAVY PHOTO BY PETTY OFFICER SECOND CLASS PAUL D. WILLIAMS

取り上げれば落ち着くけど」とフロストは話す。ペットボトルを見ると、かみつき、ひっぱり、大きな音を立てるらしい。音を立てないことが生死を分ける戦地では、歓迎されない行動だ。

任務中のラーズは、どこに行っても注目される。大統領が参列するような一大イベントにも、何度か呼ばれたらしい。最高指揮官が到着する前に、爆弾が隠されていないか調べるためだ。直近では、国連総会の会場で仕事をするため、ニューヨークを訪れた。このようなミッションは、小型犬ならではの活躍だ。「ジャーマン・シェパードがいる。ラブラドールもいる。ベルジアン・マリノワもいる。そして、ラーズのような犬もいる」とフロストは言う。

ノーフォーク号の雰囲気からすると、船舶調査にジャック・ラッセルが用いられるのは珍しいようだ。事実、潜水艦に乗って二一年のクレイクラフトも、軍用犬にジャック・ラッセルが使われているのは初めて見ると話す。麻薬や爆発物を探すのは、ジャーマン・シェパードが一般的だ。しかし、シェパードは体重三六キロもある。ラーズと違い、シェパードをはしごの上から下へ、簡単に手渡しなどできない。大型犬の場合、頑丈なハーネス［胴輪］の着用が必要だ（ノーフォーク号では、軍用および警察用犬の特別装備を販売する、カナダのK9ストーム社の製品を使う）。そしてロープを使って六メートルから九メートルほど下ろす。簡易滑車を作ることもある。途中で犬が暴れてけがをしないように、足を袋のようなものに入れる必要もある。

しかし、ラーズは通常のハーネスしか着けていない。六メートル下降するラーズは、軍用犬どころか、ぬいぐるみにしか見えない。潜水艦の上階で、フロストがラーズを下に手渡す。一メートルほど下の、狭い足場で両手を出して待っているのは、別の職員だ。このような手渡しリレーが続き、ラーズはやっと下階にたどり着く。ラーズを小脇に抱えてはしごを降りればいいのに。そう思っていられたのは、私も実際にはしごを降りるまでだった。

はしごといっても、一般の船で見るような斜めにかかるはしごではない。ノーフォーク号のメインのはしごがある場所は、垂直にまっすぐのびたスチール製のはしごで、少しの傾斜もない。

原子力潜水艦の心臓部に潜るのは初めてだったが、数週間前に、国内線で出会った、元潜水艦エンジニアのことを思い出していた。彼は引退後も海軍の嘱託業務を請け負っていた。そんな彼が現役の頃の話をしてくれた。仲間と一緒にお酒を飲み、酔っぱらった状態ではしごを降り始めたら、あとから降りてきた一人が、一段踏み外したのか、しっかり掴まっていなかったのか、下まで落ちてしまった。その後彼の腰が治ることはなかった。だから、ノーフォーク艦内におけるラーズ最大の偉業は、数々のハンドラーや潜水艦の職員の腰を救っていることかもしれない。

私がはしごを降りきるころ、ラーズはとことこ歩いて、静かにミーティングしている士官や、笑って指さす船員の横を通り過ぎていく。まるで、ハーメルンの笛吹のように、ラーズのあとからみながついてくる。バーシング・エリア［船員の寝室］に入ると、フロストとラーズは仕事にかかる。ラーズは三段ベッドを一つずつ嗅ぎ、天井と床も嗅ぐ。ラーズが反応すると、フロストは短いリードから離してやり、長い皮のリードにつなぎかえ、さらに嗅ぎまわらせる。そのような働きをしばらく見せたあと、ラーズはフロストの手から最上段のベッドに飛び移る。ラーズは、白とグレイの縞模様の枕に向かって、まっすぐ進む。枕の匂いをさっと嗅ぐと、フロストに何か言いたそうに座った。目的のものを見つけたのだ。枕の下には、爆弾（起爆装置を抜いたもの）があった。見物人たちは、歓声をあげ、拍手した。

フロストは、いつもより高めの声を出しながら、「ラーズ、よーくやった！」と喜んだ。そして、音の出る黄色いボールを、ベッド最上段に放り投げてやった。ラーズはそれを掴まえると、しっぽを振り、かみつき、小さな寝室は、ボールのキーキー鳴る音で溢れた。廊下でミーティングをしていた士官たちは、何事かと驚いたに違いない。

私たちは、再びはしごに戻り、上り始めた。次にラーズに会ったときも、また甲板の上で、別の水兵たちに囲まれ、笑われていた。フロストは肩をすくめながら「いつものことなんだよ」と平気にしている。ラーズはジャンプをして、自分の前足をフロストの足に乗せると、しっぽをぶんぶん振ってフロストを必死に見つめる。フロストは前かがみになり、ラーズの耳の後ろをかきながら、「お前はいい子だなぁ」とつぶやく。フロストはまだ誰にも打ち明けていないだろうが、小さなラーズを大好きになり始めているのは明らかだ。

ラーズにも、買い付けチームから「適性あり」と認められるまでの経緯があった。いかなる任務をおこなう軍用犬も、候補となるには厳格な審査を通らなければならない。

12
おもちゃは絶対離さない

審査対象となるのは生後一二か月から三六か月の犬だ(月齢が高いほど多くの訓練を受ける)。そして急性慢性を問わず、治療に高額な費用を要する疾患のない健康優良な犬である必要がある。その後、バイヤーたちは、行動、性格、訓練のしやすさを評価する。その中の一点でも引っかかるところがあるのは、人間でいえば偏平足や色覚異常があることに相当する。

審査は、屋外と屋内でおこなわれる。屋内といってもオシャレな空間ではない。納屋やガレージの中、場合によっては大きなテントが使われる。引き出し式のたんすや古いソファを置くことはあるが、基本的には殺風景なテスト会場だ。

いかに健康で、基礎的な能力に優れていても(つまりボールに興味を持ち、噛みつきの良さを見せても)、神経質で臆病な犬は軍用犬育成プログラムの中で成長することはできない。簡単に怖気づく犬は、爆弾や火薬のある世界ではやっていけない。そのため、最初に、環境変化に対する安定性を見る予備テストをおこなう。
以下は、国防総省が定めた基準だ。「選定作業書――軍用犬候補について――第三四一訓練戦隊」の抜粋だ。

探知犬の候補となる犬の審査は、ハンドラーが犬にリードをつけ、複雑な環境に連れていくところから始まる。環境安定性、つまり「図太さ」をはかるため、連れていく場は犬にとって不慣れであることが理想的で、いくつもの強い刺激を含まなければならない。強い刺激とは、クローゼットやキャビネットなどの閉所、滑りやすい床、高い位置にある足場、障害物、階段、大きな音を出す物や飛び出してくる物、群衆などである。これは犬の安定性と「図太さ」をはかり、購入を判断するための審査である。どの刺激にさらすか、あるいはすべての刺激にさらすのかは、評価者の判断で選ぶ。このテストをおこなう間は、犬とは遊んではならず、褒美（コングやボール等）も与えてはならない。犬が堂々とふるまい、恐れを見せなければ、購入を検討するものとする。一瞬の恐れを見せても、すぐに克服し、励ましによってその刺激と向き合う十分な姿勢を見せれば、それも購入を検討する。購入の対象としないのは、恐怖がおさまらなかったり、極度におびえたり、内気な様子を見せる犬。音に過敏な犬、ハンドラーや見物人など中立的な立場の人間に対しても攻撃的な犬、滑りやすい床や階段などの障害を乗り越えようとしない犬である。

以上の要件に当てはまる犬を探すことは、そう難しくないだろう。わが家のジェイクも、このテストなら難なく合格しそうだ。淡い黄色の毛並みをした、体重四〇キロのラブラドール犬ジェイクの神経は、鋼(はがね)でできているに違いない。地震も気づかず寝通し、どのような床でも歩き、走りもする（ゴールに、おいしい餌や、横になれるところがあれば、なおさらだ）。独立記念日や旧正月のたびに、近所の海岸で打ち上げられる騒々しい花火にも動じない。

ジェイクが生まれてから唯一怖がったことがあるのは、ゴールデン・ゲイト・ブリッジくらいだ。遊びに訪れた友人を連れ、観光モードで案内していたときだったが、ジェイクは橋の揺れを怖がった。それでも私が犬用おやつを取り出すと、ジェイクは冷たい波間から六〇メートル上で揺れていることもすっかり忘れ、まさに兵士のように、勇敢に、そして腹を空かせて歩み始めた。

✔ジェイクの場合……環境変化に対する安定性テストは、楽々クリア。

★

審査の後半は、健康診断だ。性格面で合格した犬を、獣看護師が採血し、獣医が診断し、必要に応じて麻酔を打って腰、肘、腰椎のX線写真を撮る（X線写真は、行動審査のすべてを通った犬にしかおこなわない）。形成異常など骨格異常によって命を落とす軍用犬は多い。仲買人はあらかじめX線写真を提出していることが多いが、獣医は再び撮影したがる。徹底的に健康診断をおこなうほか、パトロール犬の候補は、健康な歯と力強い顎がなければいけないので、四本の犬歯がすべて生えそろい、良い状態にあるかも調べられる。悪漢に噛みつくには、そのほうが都合よいわけだ。

ジェイクが健康診断を通るかは微妙な線だ。大きな問題はないが、腰骨が怪しい。生後六か月で引き取ってすぐに気づいたが、海岸やゴールデン・ゲイト・パークに連れていくと、芋袋に足が生えたような走り方だった。X線検査をすると、将来的に、腰まわりで問題が出る可能性があると言われた。あれから九年、大いに走ってジャンプして人生を謳歌する大冒険の日々を送っているジェイクに、今のところ腰の問題は出ていない。とりあえず、ジェイクも軍用犬の健康診断に合格すると仮定しよう。

✔ジェイクの場合……何かのときには腰の検査を要するが、健康診断もクリア。

★

次に控えているのが、探し物を見つけ、持ち帰る能力の審査だ。デュアル・パーパス・ドッグの審査であれば、しっかり噛みつくことができるのかも試される。ここで、ボールの出番だ。パトロール犬になるのであれば、噛みつくべき手足の模型も与える。審査会場は、大きくて風通しの良い納屋に移る。

ほとんどの犬は、ブリーダーによって、ボールやコングを好きになるよう教育されている。コングより蝶々を見つめている方が好きな犬でも、コング好きになるように訓練する。それが重要なのは、ほとんどのトレーナーやハンドラーが、褒美としてコングを使うからだ。多種多様な任務をおこなう軍用犬は、あとでもらえる「給料」が何かをとても知りたがる。そして軍用犬になる場合、褒美のほとんどはコングかボールだ。もしくはハンドラーが噛ませてくれる何かだ。もちろん、ハンドラーによる褒め言葉も大事だ。

審査対象となる犬たちは、探知訓練をほとんど、あるいはまったく受けていないことが多い。この段階でおこなう「探知」は、実際に爆弾や麻薬を探す任務よりはるかに簡単だ。要するに、犬が、見えていないボールをどれだけ必死に探しだして、遊びたいのか、それをはかるわけである。試験官が犬にボールを見せたあとで、隠す（だいたいは、先に述べた引き出し式のたんすの中）。そして、犬がどれだけボールを取り戻したいか、その熱意を見る。審査員たちが求めるのは、ボールが見えなくても明らかにボールのことを考えていて、考えるだけで興奮し、飽くことなく必死で探し回る犬だ。このような犬が見せるエネルギーの強さは、想像に難くない。

ボールを一旦取り戻した犬が、どのくらい夢中で遊び、どのくらい自分のものとして死守するかも、ドックたち買い付けチームは評価する。つまり、おもちゃを口にくわえていたいと強く欲っしていて、そのために嗅覚を使ってどうしても探し出すという欲求の強さがあれば、審査に通るのだ。

「何かで遊びたいという、不自然なほどの強い欲求と言えるね」とドック・ヒリアードは話す。「何百年もかけて、ブリーダーたちが交配してきた結果、特別に作り出された、突然変異のような狩猟行動なんだ。私たちが買い求める犬には、それがなければならない」

✔ジェイクの場合……ボール・テストは受からないだろう。ボールは大好きだし、いつまでも探し続けるが、いったん手に入れたら、誰にでも渡す。ドックいわく、そういう犬は軍用犬として理想的ではないが、訓練によってある程度の独占欲は身につく。ちなみに、いまは亡き愛犬のスプリンガー・スパニエル犬ニーシャは、完全にボールに取りつかれたタイプだった。ニーシャからボールを取り戻すには、それこそ戦争を覚悟しなければならなかった。

13 むかない犬もいる

犬がどこまでボールに執着するか、実際の測定は難しい。買い付けチームの審査を通り、アメリカに渡り、訓練を経ても、その後の上級訓練で落第する犬もいる。

私は、アリゾナ州ユマ試験場のＩＡＳＫコース（インターサービス・アドバンスト・スキルＫ９コース）で、ある軍用犬とそのハンドラーの訓練を見学させてもらった。彼らは数週間後にアフガニスタンに派遣される予定だったが、犬にやる気が見られず、訓練に興味がなさそうだった。一度掴まえたボールも大切にしない。数秒くわえても、すぐに落とす。高温の中（約四六度）、厳しい訓練を続けられるほどボール好きではない点に問題があった。このコースの責任者で海兵隊一等軍曹のクリストファー・ナイトは、この犬を一目見たときから、褒美にそれほど興味を持たない犬だと分かった。

「この暑さで三キロ走らされ、そのあと『今から言うことに従ったら、冷たい水をやるよ』と言われたら、そのときは、水のためならなんでもやるだろ。強い犬っていうのは、そういう気持ちを遊び道具に対して持っている。でもこの犬には、その情熱がない」

この犬のアフガニスタン行きは取りやめになり、ハンドラーと一緒にボールなどの玩具に執着できるように訓練をすることになった。それでも効果が出なければ、軍用犬をやめさせられるという。

使役犬にとって重要となる嗅覚の能力の審査をおこなうのも、買い付けチームの仕事だ。それは、犬が生まれつきもっている能力でもある。特定の匂いを嗅いだとき、いかに早くそれをボールと関連づけられるかの記憶力だ。これが、探知訓練の基礎となる。一旦、アメリカの訓練学校に入学した犬は、八種類の爆薬を探知する力をわずか六〇日で身につけなければならない。覚えの遅い犬では困ってしまう。ではどうやって、匂いとボールを関連づけて記憶するのか。

ドックのチームの誰かが、犬にボールを探させる間、突然、嗅いだこともない匂いがただよわせる。以前は、マリファナや塩素酸カリウムが使われていたが、今は初期段階で麻薬は使わない。審査ではマリファナを使用したのに、爆発物探知犬の訓練を受けると、犬は混乱するからである。特にアフガニスタンはマリファナの栽培が多くおこなわれているので、爆弾のはずがマリファナだった、では困るのだ。麻薬探知犬の場合、何を審査に使うかはさらに重要になる。麻薬犬が、かつて嗅いだことのある塩素酸カリウムに反応したにもかかわらず、ハンドラーが麻薬を見つけたつもりで近づいてしまうと、大変なことになる。

そこで買い付けチームが初期の審査で使うのが、バニラやリコリスといった、ドックが言うところの「恣意的な香り」だ。犬がボールを探しているとき、初めての香りを嗅ぐと、様々なことが起きうる。犬は「この匂い、嗅いだことないぞ」と、立ち止まったり、しっぽをふったり、頭をかしげたり、行動にわずかな変化が訪れる。その瞬間、誰かがボールを、匂いが出てくるところに投げてやる。それに犬が飛びつき、人間が犬の「偉業」を褒める。

同じ部屋の中で、匂いの出る場所を変えながら、同じことを何度か繰り返す。犬が匂いを嗅ぎつけたとき「魔法のように」ボールが登場し、匂いの元に転がっていく。すると多くの犬は、短期間で、匂いとボールを関連付けるようになる。匂いを嗅ぐと、ボールが出てくると思わせる。絶大な、パブロフの犬効果だ。ドッグ・スクールに入ってからも、同じ方法で、匂いと褒美を関連付けて、学習させる。ただし犬たちがスクールで学ぶ匂いは、おばあちゃんの家の食品庫にありそうもない、物騒な匂いだ。

パトロール犬となる犬には、さらなる審査が待っている。ブリーダーやトレーナーはこの審査に一番苦労する。一見、何の装備もつけてない「おとり」［悪漢に扮した人間］に、攻撃性を見せられるかどうか、という審査だ。噛まれても平気なように、訓練用の袖［バイト・スリーブという］をつけた人に噛みつき、押さえこむことにも、大いに興味を示す犬でなければならない。噛むときに、口の奥まで使って強く噛みつき、噛みついている間はどのような脅しを受けても離さない強さが必要となる。どのように噛むかは、とても重要だ。浅く弱い力では、噛み位置がずれてしまうので、そのような噛み方をすると、パトロール犬の候補から外される原因にもなる。

買い付けチームは、一回のヨーロッパ出張で、六〇〜一〇〇頭の犬を買ってくるのが目標らしい。一部はTSA［運輸保安庁］の探知犬プログラムを受けるが、残りは国防総省が運営するラックランド空軍基地へ送られる。買われることが決まった犬は、仲買人からすぐに離される。

買い付けチームは、購入を決めたあと、その犬と審査場で別れる。犬はその数時間後にはトラックでフランクフルトへ運ばれる。そこでクレート［運搬用の箱］から出された犬たちが散歩をする間、クレートの清掃がおこなわれる。その後、ヒューストンまでの一一、一二時間に及ぶフライトを経るわけだが、一般旅客機の貨物室で輸送される。アメリカに着陸した犬たちは、今度はエアコンの効いたトラックで、ラックランドへと運ばれる。そして基地のケンネルで働く、たくさんのハンドラーや獣医、獣看護師に迎えられる。移動手段によって異なるが、二日から六日をかけて大移動をし、荷台から降ろされ、簡単な検査を受ける。

ラックランドで働く獣医によると、海外から来た犬は、やせ細っていたり、皮膚や耳の感染症を患っていたりと、問題が多々あるという。二日から六日前には買い付けチームがきちんと見ているはずなのに。

「犬へのネグレクトは見逃せないし、それにお金を払うつもりはない」とドック・ヒリアードがいうように、買い付けチームは問題をかかえた犬を買い求めることはない。もちろん治療できないことはないが、一頭の犬に何千ドルも支払うわけだから、到着まで十分にケアしてほしいものである。

私もラックランドのメディナ軍用犬クリニックを訪れたとき、検査を受けている犬の中に、ロボR705という名前の、ロングヘアのブラック・シェパードに出会ったが、長毛犬とは分からない状態だった。仲買人とともにヨーロッパから来たロボは、毛があまりにもつれていたため、前週にバリカンで刈られたのだった。もつれた毛を取り去ると、尿がかかっていたのか皮膚が真っ赤にただれていた。耳も感染症にかかっていた。獣医が抗生物質や耳の薬を処方したところ、ロボの皮膚もよくなっていった。「グッド・ジョブ（がんばったな）！」とスタッフが犬を褒めた。

もちろん、ヨーロッパからやってきてすぐの犬は英語が分からない。つまり英語のコマンドを理解しない。トレーナーたちは「Bravver hund!（いい子だ！）」や「Aus（離せ！）」などのドイツ語を使って、訓練を始める。やがて犬たちは英語を覚える。母国が外国だった名残りは、その犬の名前にしか残らないことが多い。

14 君の名は？

犬の名前はブリーダーがつける。そのため、外国で買われた軍用犬には、異国情緒あふれる名前が多くても不思議はない。「パッジャ」、「フリッツ」、「パシャ」、「フレンケ」、「カフ」、「ビコ」、「バンズィ」、「ウォルカ」などだ。「フェンジ」もそうである。

しかし、国防総省に調べてもらったところ、最も多い軍用犬の名前ベスト・フォーは、「レックス」、「マックス」、「ネロ」、「ロッキー」だ。家庭犬で実際に「レックス」と名付けられる犬の話を聞かないので（その意味で「フィド」もそうだ）、「王」という意味を持つ、この昔懐かしい名前が、今も高貴な仕事をおこなう犬たちにつけられていると知ると、うれしくなる。

しかし、どの犬も高貴な名前がつけられているわけではない。むしろ名付け親であるブリーダーはふざけていたのではないか……と疑うハンドラーや飼育関係者がいる。慣れ親しんだ名前だから、対テロ戦争に赴いても、その名前で犬を呼ぶ。「おちょくってるんだろう」と言う関係者もいる。ある軍獣医も「わざとやっていそうだね」と笑いながら、首をふる。

そう考えると、この本で既に登場している軍用犬ディビーの名前にも納得がいく。例えばディビーも、名前自体に何の問題もないが、読者も記憶しているように、デイビーはメス犬だ。ボブというメス犬もいた。ちなみに名前は、見かけと逆のものをつけられることが多いらしい。大型の強いオス犬に、女性的な名前がつけられる。参考までに挙げてみよう。「フリーダ」、「キティー」、「ジュディ」などがある。元ハンドラーのジョン・エングストロムは「彼（犬）を『フリーダ』と呼ぶのに困ってしまったよ。絶対にフリーダという名前が合わないいんだから」。「キティー」と名付けられた二匹のオスの軍用犬の話も聞いたが、二匹とも非常に攻撃的だったらしい。ジョニー・キャッシュの「スーという名の少年」［女の子の名前をつけられてもたくましい男に育つ少年の歌］を思い出してしまう。スー・シンドロームだろうか。そうかもしれない。

名前として呼びづらいものがある。例えば「バッド（Bad）」だ。犬は、どれだけ勘違いを起こすだろう。「シッド（Sid）」も同じだ。エングストロムが言うには『おい、シッド』というたび、シット（お座り）をしていた」。

外国のブリーダーが犬に名前をつけるとき、アメリカのアニメにも影響を受けるのかもしれない。子どもに、犬を命名させている可能性さえある。過去数年に登録された何千頭もの犬の名前を見ていると、セサミ・ストリートのキャラクター名が何度も登場する。「アーニー」、「バート」、「エルモ」、「オスカー」などだ。ディズニーの名作アニメのキャラクターも人気だ。「ミッキー」、「ミニー」、「ドナルド」、「デイジー」、「ヒューイ」、「デューイ」、「ルーイ」、「プルート」、「グーフィー」、「ウィニー」、「ティガー」、「バルー」、「キング・ルーイ」、「モーグリ」、「バンビ」、「ビューティ」、「ビー

「What's in a name（名前は、ただの呼び方に過ぎない）」と一般的に言われるが、デイビーN532はどう思うだろう。この名前で、実はメス犬だ。軍用犬ブリーダーの多くはヨーロッパ出身で、彼らは犬に、逆の性別の名前をつけることが多い。ベルジアン・マリノワ犬であるデイビーのハンドラーを務めるマーカス・ベイツ陸軍二等軍曹は、アフガニスタン駐在中、次のように話した。「彼女（デイビー）を信じて、自分の命を任せています。それができなかったら、私はここにいません」。©MARCUS BATES

スト」、「ベル」、「アリエル」、「シンバ」などだ。有名な犬のキャラクターから名前を借りてくることもある。「スヌーピー」、「ベンジー」、「スクービー・ドゥー」、「トト」、「リンチンチン」等だ。

聞くだけで恥ずかしくなるような名前や、ただただ風変わりな名前もある。海を渡り、戦地に派遣され、生死を分かつ状況で「ベイビー・ケーキ（可愛い子ちゃん）」、「ベイビー・ベアー（可愛いクマちゃん）」、「バスティ（巨乳ちゃん）」と叫ぶのは、相当な違和感だろう。ほかにも「チェダー」、「チェリー」、「チップス」、「サイダー」、「コーヒー」、「クッキー」、「アイホップ」、「キムチ」という名前もある。ブリーダーはよほど空腹だったのだろうか。

犬の性格からつけられた名前もありそうだ。「ブリーク（魅力がない）」、「カラマティ（災難）」、「ファニー（面白い）」、「グリーフ（哀しみ）」（安らかに眠りたまえ。グリーフは先日、アフガニスタンで殉職した）、「グリム（いかめしい）」、「イッキー（キモい）」などだ。ちょっと待った、「イッキー」は、さすがにひどい。上官の時間を割いてでも、静かに話し合い、その犬の可哀想な名前を変えるべきではないだろうか。

15 アメリカ生まれ

犬を買いにヨーロッパまで行くのは、その必要があるからだ、とドック・ヒリアードは言う。アメリカには軍用犬の候補になりうる強い犬が少ないらしい。一方、ヨーロッパは、シュッツフントのようなドッグ・スポーツの伝統が長い上に、王立オランダ警察犬協会のような組織もある。軍用犬に課せられる仕事を遂行できる犬がたくさんいるわけだ。「アメリカ生まれの犬を買えたら一番だが、アメリカにはいないんだよ」とドックは話す。

アメリカの仲買人も、ヨーロッパの仲買人とほとんど同じ方法で、ラックランド空軍基地に犬を売るが、頭数が圧倒的に少ないため、買い付けチームに来てもらうのではなく、自分たちで売りに来るのがふつうだ。残念ながらアメリカの仲買人が国防総省に売る犬は、やはりヨーロッパで買ってきた犬だ。

国防総省の育成プログラムは、今も一般の飼い主やブリーダーから寄付を受け付けている。何度かドックたちにも電話がきたそうだ。わが子のように可愛いジャーマン・シェパードをアメリカの防衛のために役立てたいという電話だ。しかしそのような犬が審査を通る可能性はゼロに近い、という。軍用犬としての遺伝子を持っていないのと、特別な訓練を受けていないのが問題だ。育成プログラムでは、基準に満たない犬を受け入れることはできない。だから多くの場合、審査の内容を予告されてもなおラックランドまでやって来た犬のパパとママは、連れてきた犬をそのまま連れて帰ることになる。

捨てられてシェルターに入る犬はどうだろう。シェルターなら、ただ同然の犬に溢れているわけで、その中に訓練しやすい犬がいるかもしれない。イギリス軍はここ何年も、シェルター犬の命を救い、訓練を施し、軍隊に送り込んでいる。そう話すのは、動物研究家のジョン・ブラッドショーだ。イギリスのレスターに近い、メルトン・モーブレー国防動物センターと数多くの仕事をしている（軍用犬の育成・訓練プログラムだけみれば、アメリカのラックランドとほぼ同等のセンターである）。

イギリスの国防動物センターは、一般からも寄付犬を多く募っている。寄付希望者向けのFAQ（よくある質問）サイトまである。センターが興味を持つのは、一歳から三歳までのジャーマン・シェパードやベルジアン・シェパード、あるいは「銃猟犬」だ。引き渡しの手順は比較的単純で、サイトには、寄付後の心配も無用という旨のメッセージが書かれている。

もし犬の寄付または売却についてお考えなら、われわれはその犬をしっかりケアし、刺激を与え、褒美を利用したポジティブな訓練を施すので、ご安心ください。ボールを使ったたくさんの訓練や遊び、集中力を養うゲームなどで育てます。

ご家庭の犬を、祖国防衛のために寄付する決意が固まり、犬も必要な審査に通った場合、どの犬も十分にケアしますのでご安心ください。国防動物センターは以下、五つの約束を守るため、努力を惜しまないことを誓います。

・空腹にさせない
・痛み、怪我、病気への対処を怠らない
・恐怖や苦痛を与えない
・肉体的に不快にさせない
・通常の行動を束縛しない

アメリカ国防総省も最近になり、一部のシェルターから犬を獲得する試みを始めた。しかし成功していない。昨年、委託された審査員がサン・アントニオのシェルターを訪れ、何百という犬を審査した。しかし合格したのは一頭だけだった。ラッキーという名前のラブラドールだ。苦労のわりに収穫が少なすぎるため、現在この方法は推奨されていない。捕獲された犬がシェルターを次々と出て、アメリカの軍用犬として活躍するのは、ずっと先のことだろう。アメリカとイギリスの基準は異なっているに違いない。

米国で犬を育成したくともできない場合、ほかに選択肢はないのか。実はある。ヒリアード博士たちの建物に入館する誰もが緑色の殺菌液に靴を浸さなければならないのはそのためである。

国防総省は自らベルジアン・マリノワの赤ちゃんを育てようとしている。二〇一〇年には七五頭もの子犬がここで誕生した。二〇〇九年には一一五頭生まれた。目標は、子犬を毎年二〇〇頭誕生させることだ。審査を通らない犬は、その半分だろう。それでも、海外で買い付けてくる犬の数を一〇〇頭減らせる。

なぜ、交配するのにマリノワがいいか。それは頑強な体をしているからだ。例えば、ジャーマン・シェパードだと腰や肘や背中に問題が出やすい。一部のトレーナーの話によると、マリノワは、考えすぎないらしい。シェパードは、命令を受けると、どういうことか考えこみ、自分の置かれている状況も吟味するが、マリノワは訓練の通りに行動するとのことだ。この根拠についてリンチンチン（ジャーマン・シェパード犬）がどう思うか分からないが、計画はマリノワの方向で動き出したようだ。このプログラムは当初、実験的なものとして一九九八年に発足したが、今では正式なものとしてドック・ヒリアード自らが先頭に立ち、運営されている。

子犬たちに会うため、会議室から階下へ向かう。そのためには、さらに別の緑色の殺菌液に靴を漬けなければならない。私は、生まれたての子犬のいる部屋には入ることはできない。その日の朝、別の犬たちと触れ合っていたからだ。まだ体の弱い子犬たちになんらかの病気をうつしてしまうかもしれない。でも生後七週の子犬たちには会わせてもらえた。ロビーという名のオランダ生まれの種犬（この犬からは優秀な使役犬が何頭も生まれている）と、ヘスカというメス犬の間に生まれた子たちだ。ヒリアードは海外でヘスカを購入し、オランダを訪れているときにロビーと交配させた。その後、妊娠の経過を見守るため、そして子犬たちをアメリカ生まれにするため、ラックランドへ連れてきた。

ヘスカの子犬たちは、薄茶色でふわふわだ。顔は濃茶と黒色で、運動用のスペースに立てられた柵越しにこちらを見上げ「抱っこして」とお願いする表情を浮かべる。片耳が垂れている子犬もいるし、中には両耳が垂れている子もいるが、ほとんどの子は既に両耳がピンと立っている。みな同じ母犬から生まれてきた「A組」といわれる兄弟なので、どの子犬も名前がAの文字で始まっているが、ほかの軍用犬プログラムの子犬と区別するため、この子たちはAの文字が二つ続く。たとえばAアンガス（Aangus）、Aアトラス（Aatlas）、Aアリス（Aalice）という具合だ。

アリスと目が合った。まだ耳が垂れている。とても人懐こいらしく、こちらの目を見つつ、柵の上に前足を乗せて、私の注意を引こうとする。でも私は午前中にほかの犬と触れ合っていたので、アリスを抱きあげられない。子犬たちのワクチン接種はすべて終わっているわけではないので、安全ではないのだ。

私の代わりに、ドックがアリスを抱き上げる。するとアリスは、ドックの腕の中に飛び込み、そこから前足を彼の腕に乗せ、ドックの首や顎や頬を舐め始める。これほどの歓迎を受けながら会話を続けるのは難しいので、ドックは別のスタッフにアリスを手渡す。そのスタッフもアリスを抱いてうれしそうだ。

★

この国防総省がおこなっているパピー・プログラムで生まれた子犬たちは、早い段階でラックランドを離れる。母犬とは数週間一緒にいるだけで、生後七か月までパピーウォーカー［使役犬が子犬の時期、家族として迎えるボランティア］の家で育つ。その後、ラックランドに戻ってきて子犬のプリスクールと言える場所で訓練を受け、軍用犬に向いているかどうか見極められる。

マリノワのパピーウォーカー経験者に出会ったら、二つのことを話すだろう。

1、犬と親密な関係を築きながら、軍用犬の世界の手助けをする、素晴らしい経験であること。

2、靴、靴下、スリッパ、家具を隠さなければいけないこと。

マリノワの子犬が「マリゲーター」とあだ名をつけられるのには理由がある。なんでも口に入れるし、噛みたがるのだ。エイロッドは、マリノワのパピーウォーカーに三回なったことがあるが、「うち中のものを食べられたよ」と話す。エイロッドたち家族は、三頭目に預かったトリーナが軍用犬の試験に通らなかったので、引き取ることにした。マリゲーター（！）と化して家中を噛み歩いたトリーナだが、そんなトリーナが（歯も含めて）大好きらしい。

パピー・プログラムでは、常にパピーウォーカーを募集している。ウォーカーになるには、まず、サン・アントニオから車で三時間以内に住んでいることが条件だ。毎月、検診に犬を連れてこなければならないからだ。柵に囲まれた庭があれば、理想的だ。ほかにペットがいる場合には、どのような動物を何匹飼っているか申告しなければならない。「例えば、猫を五匹飼っているなら、どうしても教えてもらわなければならない情報なんです。そういう家庭に合う、興奮しにくい犬を探しますから」と話すのは、プログラムで、パピーウォーカーのコンサルタントを務めるデビッド・ガルシアだ。

ウォーカーは、正式な訓練を犬に施す必要はない。それをするのは、ドッグ・スクールの役目だ。でもウォーカーの存在によって、子犬は多様な環境や刺激に慣れることができる。交通量の多い道、階段、うるさい掃除機、人だかり、などだ。玩具など、訓練が成功したときにもらう褒美に対する喜びを増大させることができるのもウォーカーだ。ものを見つけるのが主な仕事となる犬にとって、それは大事なことである。

私がガルシアに会ったとき、彼は軽いパニックに陥っていた。リッターAの子犬たち（アリスとその兄弟たち）のウォーカーとなる家庭を、あと二週間で一二軒も見つけなくてはならないとのことだった。見通しは悪かった。サン・アントニオからの距離制限を延ばし、オースティン住民も含めようとしていたが、発表はまだだった。ガルシアは過去に協力してくれたウォーカー家庭にも声をかけることや、犬たちを公開することも考えている。

「一度見て、どういう犬かを知れば、断れない」とガルシアは話す。子犬の噛み癖から家を守るのも、「それほど難しくない」と言う。そして兵隊となる男性や女性の命を救う仕事をする犬を育てるやりがいははかりしれない、と。

「将来のヒーローを育てるチャンスなんて毎日転がっているわけじゃないしね」

★

ドックのチームは、パピー・プログラムを成功させるために様々なことを試している。ずっと欲しかった種犬の冷凍精子を買い、良い子犬の遺伝子を提供しそうなアーノルドという黒いオス犬も購入してアメリカに連れてきた。ヒリアードたちは、今後ヨーロッパに行くとき、ブリーディングに役立つ犬も探したいと話す。

最近、ドックたちはブーダンというメスのマリノワの子犬も購入した。父犬はロビー（アリスの父と同じ）、母犬はキーラだ。ロビーとキーラの子どもたちは、ヨーロッパで優秀な使役犬として活躍している。ドックたちは、彼らのチャンピオン級の遺伝子がほしいと、ブーダンのほか、同腹同種の兄弟ブルーノも買った。どちらも血統書つきの犬だ（ブーダンとブルーノでブリーディングを行うことはない。理由は明らかだ）。

血統書つきのマリノワを買うことは、ドックは基本的に好まない。血統書がない犬の方がストレスに適応できるらしい。血統書つきの犬は、小さく、虚弱で、ストレスへの耐性が少ない傾向にあるとのことだ。でも、このロビー一族の犬たちは特別だとドックたちは信じている。

私は、ラックランド近くで、ブーダンのウォーカーになった家族と、数時間だけ午後を一緒に過ごすことができた。空軍のジョー・ナル二等軍曹が、ブーダンの新しいパパになったのだ。ブーダンは、子犬特有の狂ったようなエネルギーと、頻繁に吠えたてる性質をもっていて、素晴らしい犬に育ちそうな予感をさせる。丈夫だし、玩具で遊ぶときの噛みつき方はしっかりしているし、隠されたコング探しで諦めたりしない。

ただし、良い軍用犬になるのに必要なのは、よい遺伝子を持っていることだけではなく、審査を通ることだけでもない。そこまではある意味簡単だ。厳しいドッグ・スクールを卒業するには、もっと別の何かが必要となる。スクールで待ち受けていることを知ったら、徴兵忌避する犬も出てきそうだ。

16 タトゥーと手術

元陸軍中佐のロニー・ナイは、のんびりとしたフレンドリーな獣医だ。人間の患者が彼に会ったなら、抱いている不安も解消されるだろう。しかしオランダ生まれのジャーマン・ショートヘアード・ポインター犬のフレッドは、すぐにでも逃げ出したい様相だ。ナイが、理解を示し、安心させるような笑顔で、フレッドを撫でて「大丈夫」と話しかけても、フレッドは短い尻尾を、後ろ脚の間に巻き込んだままだ。

鎮静作用のある薬を数種混ぜ合わせて注射したので、フレッドは酔っぱらったように動き始めた。そして数分のうちに、フレッドを待ち受けるアシスタントの腕に、倒れこんだ。アシスタントは、フレッドをステンレス製の手術台に固定した。フレッドが完全に意識を失うと、アシスタントはフレッドを仰向けにし、注射針を使って膀胱から尿を出すと、口から喉への気管内挿管によって麻酔をかけられ、足が台に固定された。ステンレスの台に広げられたフレッドの耳は、大きいので獣看護師がタトゥーをするのが楽だ。そのまま二〇分ほどかけて、フレッドに与えられた番号（R739）を、左耳の内側に入れ墨した。タトゥー・ペンが音を立てて耳に記号を彫っていく間、ナイはフレッドの腹の毛を剃り、剃れた毛を吸引器で吸い取る。そして手術箇所を青いドレープで囲み、毛のなくなったフレッドの腹部の上で、メスを構える。

少しも痛くない手術だ。この手術についてはのちほど。

徴兵された新人の軍用犬は、鼓腸症という死にいたる症状を防ぐ手術を受けた後、バケツをかぶらされる。バケツによって、術後の傷をひっかくことがない。©ROBIN JERSTAD

17 ブート・キャンプ

世界最大のドッグ・スクールとして知られる、国防総省軍用犬第三四一訓練戦隊は、ラックランド空軍基地にある。サン・アントニオ郊外の、乾燥した約二八・三平方キロメートルの土地に広がる基地は、新入りの兵士を迎え入れる施設だ。毎年、空軍の新兵三万五〇〇〇人がここを訪れ、基礎訓練を受ける。

新入りに混じっているのは、軍用犬としてのトレーニングを受ける三四〇頭の若い犬と、ハンドラーとして基礎訓練を受ける四六〇人の二足歩行をする生徒だ。

トレーナーたちがブート・キャンプを通して一から軍用犬を育てるプログラムを、「ドッグ・スクール」と呼ぶ。ハンドラーのスキルを教えるプログラムは「ハンドラー・コース」だ。軍内の犬やハンドラーのほとんどは、ここで訓練を受ける（例外は、特殊作戦用の犬と、爆発物探知のために短期間の養成が必要な契約業者が訓練するＩＤＤおよびＴＥＤＤプログラムの犬である）。

デュアル・パーパス・ドッグとなる多数の犬は、合計一二〇日で、爆発物もしくは麻薬を探知するスキルと、パトロールのスキルのすべてを、身につける必要がある。探知だけをするシングル・パーパス・ドッグは九〇日でスキルを覚えなければならない。外部者の予想に反するだろうが、犬たちがハンドラーとコンビを組むのは、ラックランド空軍基地の中ではない（特定の人を探すコンバット・トラッキング・ドッグと特殊探知犬は除く）。ハンドラーが決まるのは、犬を必要とする基地に派遣されてからである。

犬たちは、軍用犬になるための壮絶な訓練を積むわけだが、ラックランドに到着してから訓練が始まるまでにも、大変な準備が待っている。二足歩行の仲間に用意されたブート・キャンプは、犬たちが経験することに比べたら、公園の散歩に近い。

陸軍も海軍も空軍も海兵隊も、入隊時には何らかの儀式がある。髪を切り、健康診断を受け、大量の書類に記入し、国家に仕えるために必要となる地味な作業を終え、やっとブート・キャンプを始める。

軍用犬の場合、その入隊儀式がひと苦労だ。手術台の上に寝かされるのもその一つ。軍用犬になるためには、体をつつかれ、いじられ、メスで開けられ、縫い戻されて、数日間犬が傷口を触ったりしないように、底をぬいたバケツをかぶらされる。

検疫のため一〇日間隔離され（二時間ごとの目視検査がある）、犬は身体検査、血液検査、ワクチン、ノミの駆除、糸状虫駆除を受ける。それ以外の準備は、全身麻酔をかけた状態でおこなう。メスの犬は卵巣を除去され、オスの犬も停留睾丸［睾丸が陰嚢になく、体の中に停まっている状態］

だった場合は去勢させられる（米軍は、停留睾丸の犬を購入する数少ない軍隊の一つだ）。停留睾丸でなければ、オスの犬は基本的に去勢されない。オス特有のホルモンがあった方が、より攻撃的で戦闘に向いていると考えられているからだ。さらに、オスもメスもしなければいけないことがある。麻酔を打たれ、左耳の内側の、タトゥーをすることだ。

近年では、一五キロを超える犬はガストロペクシーという胃腹壁固定の手術も受けることになっている。これは将来的に犬の命を救うかもしれない大事な手術だ。ガストロペクシーによって、鼓腸症［あるいは「胃拡張・捻転症候群」］で命を落とすことを防げるのだ。そう遠くない昔、軍用犬の死亡理由の九％は鼓腸症からの合併症だった。すべての大型犬が「ペクシー」を受けるようになり、その数字はゼロになった（軍用犬の世界ではこの手術を「ペクシー」と呼ぶ）。

鼓腸症は、胸まわりのある大型犬がなりやすいとされるが、その体型はまさに軍が好むタイプだ。症状は、なんらかの理由で胃にガスがたまり拡張することによって起きるが、理由が分からない場合もある。鼓腸症になっただけでも死の危険が伴う。拡張した胃によって大動脈が圧迫されて、血液循環が阻まれる。胃が肺を圧迫すれば、今度は呼吸が困難になる。一回の食事で食べすぎて息苦しくなった経験がある人なら、鼓腸症の始まりがどういう風に感じられるか、分かるだろう。

しかし、鼓腸症がとりわけ危険になるのは胃が両端［食道につながる上部と、幽門弁のある下部］で捻じれてしまったときだ。胃の中のガスがどちらからも逃げられず、血液は循環しなくなり、細胞は再生不能になるほど破壊されてしまう。緊急措置をしないと、数時間でショック状態に陥り心肺停止となる。

ラックランド空軍基地に新しく建てられたメディナ軍用犬クリニック（犬の匂いよりも、塗りたてのペンキの匂いが強いくらいの新築である）に話を戻そう。獣医のナイが、嫌がっていたフレッドに手術をしている。ナイはこの手術を過去数年間で四〇〇件もおこなってきたので、意識のないフレッドだが、安心しても大丈夫だ。

棚の上にラジオがあり、ノイズを通してマイケル・ジャクソンの「ベンのテーマ」が流れる中、ナイは執刀を始める。切るのは約七・五センチほどだ。手術は一時間もかからず、フレッドの胃を腹壁に縫い付ければ終わる。これで、フレッドが鼓腸症によって命を落とすことはほぼなくなった。

ナイが腹を縫い合わせると、犬は足の拘束を解かれ、管も抜かれ、回復用のケンネルに連れていかれる。痛みを抑える鎮静剤と麻酔が効いているか、そして執刀箇所が順調に回復しているか、頻繁にチェックを受けることになる。

フレッドが口や歯で手術した箇所をいじらず、後ろ足でタトゥーを入れたばかりの耳をかかないために、フレッドはそれから数日、頭からバケツをかぶることになる。底を抜いた、古くてひっかき傷だらけの紺色のバケツは、取れないように首輪につけられている。民間の犬が手術後につける、いわゆるエリザベス・カラーとは程遠い物であるが、フレッドは気にしていないようだ。

★

空軍のリチャード・クロッティ三等軍曹が私に連絡を取ってきたとき、彼はイラクに派遣されていた。クロッティは、最初に割り当てられたジャーマン・シェパードのベンB190の話がしたいと言う。

二〇〇六年の七か月間、クロッティとベンはサウジアラビアのエスカン・ヴィレッジ空軍基地に、第六四遠征警備隊中隊として駐留していた。彼らの主な任務は、車両の点検、徒歩でのパトロール、「イラクの自由作戦」のために時々おこなわれる反テロ演習に参加することだった。基地内のヴィラ［郊外型住宅］で生活し、デリバリーのピザや中華料理を食べ、その暮らしはまるで海外駐在員のようだった。ベンはクロッティのベッドで寝ることが多かった。アメリカでは軍用犬はケンネルで寝なければならないので、二四時間ずっと一緒の生活は、このコンビにとって願ってもないことだった。

ニューメキシコ州のキャノン空軍基地に帰国したのは二〇〇六年八月で、ベンは再びケンネルで就寝しなければならなくなった。クロッティは、サウジアラビアのときのように、昼も夜も一緒の生活が恋しかったが、アメリカ国内ではどうしようもできないと分かっていた。二〇〇七年一月のある夜、クロッティがベンにおやすみなさいを言いに行くと、ベンは体を横にして寝ていた。ベンは絶対にしない寝方だった。クロッティが撫でに行くと、ベンは失禁した。クロッティは、ベンの腹が石のように固くなっていることに気付いた。鼓腸症かもしれない。ベンはガストロペクシーの手術をしたことはなかった。当時のオス犬は、この手術を受けないのが普通だった。

大急ぎで、クロッティはベンを抱えると、パトロールトラックに乗せ、サイレンを鳴らしながら獣医に駆け込んだ。初見で、緊急手術が必要だとされた。手術台に乗せられた犬を見てクロッティの目は涙で溢れ、「見下ろしているのに何も見えなかった。自分の子どものことのようだった。やっと獣医が執刀すると、床が真っ赤に染まった」。

耐えられなくなったクロッティは手術室を出た。「ケンネル・マスターが手術室から出てきて、首を振った。そこで平静を失ってしまった。この二年間、一番だった友が、死んだと知った」。

あとになって分かったことだが、ベンを死に追いやった異変は、鼓腸症ではなかった。獣医は、ベンの内臓の多くが炎症を起こしているのを発見し、それで内出血が起きたことが分かった。しかし、そのことをクロッティは知らされなかった。ベンの死因を獣医が特定したことは、クロッティはまだ知らないだろう。

18 犬じゃなくて「バケツ」と組むの？

ラックランド空軍基地のハンドラー・コース訓練生は、何か月も、ときには何年もの間、多くの苦労を経験する。糞の始末をし、犬に運動をさせ、ハンドラーの手伝いをし、基地のケンネル周りの雑務をこなし、上官やケンネル・マスターに、熱意をもって仕事をしているところを見てもらう。

ハンドラー・コースの訓練生はほとんどが憲兵だ。厳しい訓練を積んでやっと憲兵になれた者たちだ。しかし訓練の最初に待ち受けているものには面食らうだろう。

それは、四〇口径弾丸を持ち運ぶためのメタル缶を、犬だと思い込む訓練だ。

しかも、三、四日ほど、そうやって過ごす。

クラスメイトなどが通りゆく、人の前でだ。

訓練生が持たされるメタル缶は、「バケツ」と呼ばれる。フレッドが術後にかぶらされたバケツとは違う。火薬を安全に運ぶために使用された缶を、今度はたくましい想像力によって、犬であると思い込むのである。訓練生のほとんどは、恥ずかしがる。

高さのある靴箱の形をした「バケツ」は通常、オリーブかカーキ色をしている。上に取っ手が二つあり、側面には文字やレタリングが書かれているものもある。犬とは似ても似つかない。でも、そこが重要なのだ。医学生も、最初から生身の人間に手術を行うわけじゃない。だからハンドラー訓練生も最初のトレーニングには犬を使わない。犬にも人間にとってもリスクが高すぎるからだ。

訓練生が本物の犬を使うようになっても、扱う犬は軍用犬ではない。それはラックランドで飼われている「トレーニング・エイド」と呼ばれる犬で、年間を通して訓練生に割り当てられる。トレーニング・エイドは、軍用犬の試験になんらかの理由で合格できなかった犬のことが多い。ドッグ・スクールは落第したが、スクールで働くパートナー犬としては問題ない犬もいる。実際に海外に派遣されたか、あるいは米国内の基地で働いたことがあるが、行動や健康上の理由で、軍用犬として活躍できなくなった犬もいる。派遣できなくても犬は軍隊にとっては重要な存在なので、慣れないハンドラーによって混乱させられないように、まずはバケツが使われるのだ。

バケツを渡される前に、訓練生は教室で数日過ごす。一クラスは多くても一二人しかいない。親密になりやすい雰囲気だ。ジャーマン・シェパードのぬいぐるみ三体を使った体験授業もしっかりおこなう。例えば、正しいチョーク・カラー［しつけ用の首輪］のつけ方から、話しかけ方、基本的な命令まで、基礎的なことだ。しかしぬいぐるみは、お座りの姿勢しか保てず、簡単に倒れ、すぐに汚れてしまう。教室の外で使うのには向かない。ここでは、見た目より機能を重視するので、次の過程では、バケツが登場する。

ハンドラーは、訓練により現実味を持たせるため、バケツに名前をつける。以前の章でも紹介した、海兵隊でハンドラーをしていたブランドン・ライバートは、自分のバケツに「キャン・ア・ナイン」(Cananine)という名前をつけていた。缶素材(can)でできていて側面に「9」(ナイン)とスプレーで書かれていたからだ。(犬を意味するcanineにもかけている)。「そう呼ぶことで、少しでも、犬だと思い込めるように」とのことだった。

トレーニング・エイド犬を使った初期訓練でおこなうすべてのことを、バケツを使って練習する。バケツを犬に見立て、座らせたり伏せさせたり、バケツの取っ手に首輪を正しくつける練習

「トレーニング・エイド」として活躍する犬と、訓練期間中のハンドラー。ラックランド空軍基地のドッグ・スクールの、一日の始まりだ。©ROBIN JERSTAD

をする。そのとき首輪のチェーンの向きを確認し、普通の首輪からチョーク・カラーにつけ替える練習もする。ほかの訓練生のバケツと安全な距離を保つことも学ぶ。演習での動作も練習する（軍隊に馴染みのない者には「左向け左」といった類のものだと言えば分かるだろうか）。バケツにさせるのは難しいが、犬でもそうだ。

軍用バケツと行動する訓練生が真っ先に習うのは、褒め方だ。誠意と心のこもった褒め言葉は、犬とハンドラーの絆作りに欠かせない。軍用犬の世界では、たとえ熱がこもっていても「グッド・ボーイ（いい子だ）！」という言葉では足りない。犬がおこなった素晴らしい偉業を全身全霊で褒めなければならない。金切り声にならない程度に、一オクターブか、それ以上の高い声を出す。早口にしつつ、母音を伸ばし、聞き取れないくらい夢中で褒める。ハンドラーにも尻尾があれば、夢中で振っているイメージだ。経験を積んだハンドラーなら、「ヒュー！」の叫び声も入れる。ラックランドでは、新入りの軍用犬を訓練する際、カウボーイのように「ヒーハー！　ヒュー！　ドギー！（ワンちゃん）」と興奮気味に叫ぶ。さらに強調したい場合は「タッチダウン、テキサス！」も付け加える。

バケツでなく、本物の犬を訓練させるハンドラーやトレーナーといると、声は、興奮しながら褒めたたえているように聞こえても、内容が全く異なるときがある。「すごい！　いい子だ！良く見つけた！」ではなく「ちょっと！　どうして見つけるのにそんな時間かかるの！　ねぇ！」という類の言葉が聞こえてくることがあるのだ。犬に、やる気を持たせたまま、ハンドラーの苛立ちを示す一つの手段である。

生身の犬に、内容ではなく言葉の調子によって話せるようになるまで、時間がかかる。バケツを褒めるとなると、なおさら実感をこめにくい。

「ほとんどの訓練生は、恥ずかしくなるんだ。顔を真っ赤にする。最初は違ったのに、途中から黙ってしまう者もいる」と話すのは空軍のジャスティン・マーシャル二等軍曹だ。ラックランドでインストラクターの監督をしている。

「だから、世間で活躍する犬のハンドラーはみな、同じ訓練をしてきた、と教えるんだ」

「バケツ」がリードを離れたときは大騒ぎだ。誰かが「ルース・ドッグ！（犬がリードを離れた！）」と叫べば、それを聞いた者は、同じように大声で復唱し、みなに事態を知らせる。リードにつないだバケツを持つ訓練生は、バケツの顔部を即座に股間に向かせ、リードから離れた犬が走ってくるのを見て、仮にも攻撃することがないようにしなければならない（軍用犬同士の相性は悪いことが多く、互いに攻撃的になり戦いに発展することが多い。それを避けるための訓練を、バケツで積むことは関係者全員のためなのだ）。

生徒全員が技術をしっかり習得するまで、バケツを使った訓練は続けられる。たいがいは二、三日だ。最後には、訓練生同士によるコンテストがおこなわれ、誰が最も少ないミスでバケツを扱えるかが競われる。褒章もある。優勝者は、訓練の探知犬コースで使用する犬を自分で決めることができる。ほかの訓練生も、ランキングの順位から、犬を決めることができる。ただし、ときにはインストラクターが生徒と犬をマッチングすることもある。特に性格の一致・不一致があありそうな場合だ（例えば、気弱なハンドラーと、気性と自我の強い犬など、最良のコンビと言えなさそうなときだ）。

バケツは、次のクラスのために、いったん、片づけられる。バケツを卒業した訓練生たちは、本物の犬と会うためにケンネルに向かう。訓練生のほとんどは、ついに本当の犬と訓練できることに興奮する。しかし中には（特に、犬と過ごした経験が少ないと）、戸惑う者もいる。「ケンネルに行って犬を連れだすだけで怖くなってしまう者もいる。もう無理だ、と感じてしまうんだろうね。とくに犬がすごく興奮していると」とマーシャルは話す。確かに、バケツなら、くるくる狂ったように回ったりしないし、鼓膜が破れるほど鳴くこともない。犬の勢いに負けてしまう訓練生は、担当の犬を紹介されてすぐに、辞表を提出することになりかねない。

トレーニング・エイド犬のほとんどは、訓練に慣れっこだ。一度どころか、何度もやったことがある内容なのだ。中には、訓練生に教えようとする犬もいるらしい。

「こっちだよ！　オレについてこい、爆発物を見つけてやるから。そしたら、あんたもカッコ良く見える。あとで、オレを褒めてくれてコングもくれれば、おあいこじゃないか」

そう言っているかのような犬もいるそうだ。

ハンドラー・コースの後半は、犬が主導で、人間の訓練生を導いていく。訓練生は、どうしても、首輪をきつくしめすぎたり、命令が明確でなかったり、噛みつくトレーニングを嫌がったり、間違いを犯してしまうが、犬はそれに耐える。ケンネルを出て仕事を与えられるだけでハッピーなのだろう。ハンドラーに熱意をこめて褒めてもらえることがうれしく、任務をやりおおせてコングやボールをもらえることがうれしく、短い任務の後に続く長いグルーミング［毛繕い］やボンディング［撫でられること］がうれしいのだ。

ほとんどの訓練生は一一週間のプログラムを無事に終える。中には、位置とタイミングが悪く、噛み傷を受ける生徒もいる。手練れのハンドラーなら、いくつもの噛み傷がある。どれも、逸話が付いてくる。

卒業式は、蛍光灯で明るく照らされた、からし色の講堂でおこなわれる。壁には、殉職したハンドラーの写真が並ぶ。崇高な職業に自らも就こうとしていることを訓練生に忘れさせないためのものだ。しかしハンドラーになりたての者たちは、ひるむことなく、ハイタッチをし、歓声をあげ、大好きな犬と過ごせる人生に祝杯を挙げる。

19 ドッグ・スクール

ハンドラー生が訓練コースを卒業してからも、デュアル・パーパス・ドッグはさらに五週間の訓練が続く。この間、犬たちはドッグ・スクールのインストラクターから、基礎となる服従や探知、パトロールを学ぶ。スクールを終えるころには、基本的なスキルを身に着け、実際にどこかの基地に派遣されたとき、それまでの訓練をもとに能力を開花させる。

空軍のジェイソン・バーケン二等軍曹は、ラックランドのトレーナー長であり、トレーニングチームのリーダーだ。彼はドッグ・スクールを工場の組み立てラインに例える。トレーナーがつく一八から二二頭の犬で構成されるチームが、同時に九、一〇チームの訓練をしているから、それぞれの訓練段階は違っても、一度に二〇〇頭ほどの訓練犬をかかえる。全頭が一か所に集まらないのも驚きだ。

各チームにはトレーナーが五人から七人いるが、その中には「レッド・パッチ」と呼ばれる監督がいる。レッド・パッチは、茶色のつなぎに赤い三角のワッペンをつける。茶色いつなぎを着ているだけのほかのトレーナーたちと、見た目が異なる彼らは、トレーラーから降りてくる新しい犬たちを小さいグループに分けて指導する。普通、トレーラーには一台に一八頭の犬が乗っている。通常六人のトレーナーのチームが引き取るので、トレーナーは一人で三頭受け持つことになる。

ほとんどの犬は、噛みつく練習を経験している。しっかり噛めないと国防総省に買ってもらえない。しかし、噛みつくことはできても、基本的な指示命令に従えない犬がほとんどである。「シットゥ(座れ)」「ライ・ダウン(伏せ)」すら分からない子も多い。分かっていたとしても、オランダ語かドイツ語でなら分かる、という具合だ。

犬が最初に受ける訓練は、探知である。八種類の爆発物(もしくは麻薬)の匂いを学ぶわけだが、方法としては、仲買人からの買い付け時におこなった方法とほぼ同じだ。違いは、バニラやリコリスを使うのではなく、実際に流通している爆薬を使う点である。

塩素酸カリウムのように、嗅いだことのない匂いに出くわした犬は、行動に変化があらわれることが多い。「おいおい、こいつは変だぜ。もう一回嗅いでやろう」と言葉にしたら言いそうなことを、動作でする。その行動の変化は、かすかなこともある。匂いをかぐために数秒多く費やす、というだけのときもある。しかし、いつもと違う匂いを嗅ぎつけたことが分かれば、トレーナーは「嗅いだことへの褒美」として、コングを投げる。犬の頭を超えて、匂いの元に落ちるように投げてやるのだ。犬にしてみれば、褒美をくれたのはトレーナーではなく、匂いの元のように見える。

塩素酸カリウムの匂いを嗅ぐと、魔法のようにコングが登場する……と信じ込むことができるのも、犬の愛らしい点だ。犬にしてみれば、高い声でチアリーダーのように自分を褒めちぎるトレーナーの存在こそ、不思議かもしれない。あるいは、トレーナーも、自分と同じように爆発物のある場所でコングが現れることに興奮している、と考えるのかもしれない。

この段階で、トレーナー自身がコングを渡すのではなく、匂いの元にコングを投げるのには、理由がある。自分が正しいかどうか、トレーナーを見て決めるようであってはダメなのだ。現場では、ほかの誰かに頼ることなどできない。ハンドラーも、どこに爆発物があるか分からないのである。戦地で、褒美や褒め言葉を真っ先に求めるようになっては、爆弾を見つけるより先に踏んでしまう可能性が高い。

しばらくすると、犬は匂いを嗅ぎつけ、見つめるようになる。すると当然、褒美をもらえる。その後、犬が匂いを嗅ぎつけたとき、トレーナーは「シット」と命令する。爆発物を見つけたあと、ふらふら歩きまわるのを防ぐためと、犬が虫を見つめているときと区別するためである。犬が座り、匂いの元をじっと見つめる行動を「最終反応」という。匂いが低い位置にあったり、車の下にあったりする場合は、伏せる犬もいる。

匂いを一つでも嗅ぎ取るようになれば、ほかの匂いを学ぶのも早い。「あぁ、ここにも新しい、変わった、不自然な、怪しい匂いがあった。さ、コングが出てくるかな!?」と言いたそうな、まるで電球が頭の上で点灯するかのような反応だ。最初のころのように必ずコングを投げなくても

手製爆弾の存在に反応し、警告する犬。アリゾナ州ユマ試験場のIASK（インターサービス・アドバンスド・スキルズK9）コースにて。©JARED DORT

効果が出るようになるが、やはり褒美の一部としてコングは不可欠だ。ここラックランドの第三四一訓練戦隊で教わる匂いは、これから学ぶ多くの爆発物あるいは麻薬の一部にすぎない。派遣先の基地が決まり、訓練をさらに積むようになれば、ほかの匂いも探知できるようになる。

ドッグ・スクールの探知コースは六〇日ほどかかる。探知犬として認定されるには、麻薬犬の場合は九〇%以上の正解率、爆弾犬の場合は九五%以上の正解率が必要だ。二〇頭に一頭はここで脱落する。

その後は、パトロールの訓練だ。基本的な服従訓練から始まり、障害物コースへとレベルアップする。トンネルやジャンプ台、階段など、任務中にありそうなものに慣れていく。ラブラドールなどシングル・パーパスの訓練は、ここで終わる。

シェパード犬とマリノワ犬は、ドッグ・スクールのカリキュラムの次の段階に移る。噛みつく練習だ。ただ近頃のデュアル・パーパス・ドッグは、噛みつく必要はほとんどない。多くの人は、この類の犬を見るだけで、あるいは吠えられただけで、逃げてしまう。

国防総省が購入するデュアル・パーパス・ドッグは、既に噛みつく訓練を受けているので、ラックランドでおこなうのは、それをレベルアップさせるための練習だ。犬たちは、練習用の袖、スリーブをつけたおとりの腕をめがけて、走って噛みつけばいいことを理解している。がぶりとできれば大満足だ。噛みつくこと自体が報酬であるため、コングは不要とさえ言える。

逃走者を止めたいだけのときは、どうか。その場合、犬たちが受ける訓練は「フィールド・インタビュー」と呼ばれる。ハンドラーは、「悪漢」に質問し、身体検査もする。こういったときのおとり役は、全身保護服に身を包んでいる。「マシュマロ・スーツ」という愛らしい名前をもつ道具だ。まるで濃い色の厚手のつなぎを着た、ミシュランマンの風貌である。守られていないのは、頭くらいだ。

犬はじっと見ている。おとり役が突然逃げ出す。ハンドラーは止まるように叫ぶが、おとり役はどんどん逃げる。その間、犬は待ち構えている。耳は前を向き、体は静止し、尾もぴたっと動きを止め、目には集中の色が浮かぶ。犬の目に、おとり役は巨大なウサギのように映るだろう。狩猟本能もしくは遊ぶ本能が強い犬にとっては、たまらなく楽しいゲームだ。

（もし、読者が軍用犬や警察犬に追いかけられたら、犬たちはよく動く部分に噛みつくことを念頭に置いていてほしい。犬に倒され地面に這いつくばる形になったら、白旗を振るのが得策だろう。ちなみに死んだふりなどしてはいけない。犬によってすぐに生き返ることになるからだ）

トレーナーは「掴まえろ！」と叫ぶ。犬にとって、甘美な音楽だ。獲物に向かって真っすぐ走り、もっとも手頃な場所に噛みつき、取り押さえる。このときの勢いで、大抵の人は地面に押し倒される。相手が倒れていても、立ったままであっても、訓練を積んだ犬は、トレーナーから指示を受けるまで、おとりを噛んだまま離さない。ほとんどの犬は、離したがらない。中にはすぐに離す犬もいるが、もっと強く命令されるまで、噛んだまま首を振るものもいる。力づくで離される犬さえいる。さらなる訓練を積むことで、指示に従うスピードが速くなる。

では、「悪漢」が逃げ出したものの、早々にあきらめて走るのをやめた場合はどうか。自分も走るのをやめ、本当ならぼろぼろになるまで噛みつきたい衝動に、全力で抗わなくてはならない。これを「スタンドオフ」と呼ぶ。ハンドラーかトレーナーが「アウト！」と叫ぶと、犬は立ち止まって、逃走者の横で監視役に徹する。そして悪漢にぴたっと張り付いて連行する訓練も積む。その者が再び逃げようとした場合で、ハンドラーの到着が間に合わなければ、犬が取り押さえてよい。

私も、いくつかの基地で、ドラマチックなパトロールの訓練を見させてもらった。いずれも、しっかり膨らんだ服を着た男性か女性が、法を犯した前提で、逃走するというものだ。これでは、太った人がみな悪者に思えてくるのではないか、と不思議になった。犬たちは「大きな人が逃げたら、噛みつかなくちゃ」と学習してしまうのではないかと。しかし、そのようなことはないらしい。犬の追跡本能に火をつけるのは、体の大きさではなく、相手が走るかどうかだそうだ。訓練をさらに積めば、マシュマロ・スーツより薄い特別防護服も登場する。薄い分、保護機能は弱く、あまり使われない。でも練習に現実味を持たせるには良い。

防護服に関する私の疑問は、それほど的外れではなかった。軍用犬の運搬を担当する空軍のジョー・ナル二等軍曹が、チリーズでお昼を食べながら話してくれたことだが、犬たちはスリーブや全身保護服など、明らかに大きな何かを着用したおとりに慣れ過ぎているため、それらがないと困惑することもあるらしい。

ナルは、ユーチューブに載せられた動画を見せてくれた。ズーム機能が弱いカメラを使ってへリコプターから撮影されたものなので画質が粗い、警察犬による実際の捕りものの映像だ。犬が男を取り押さえようとしているのに、困惑しているのが行動で分かる。ナルの解説によると「スリーブはどこだ。保護服はどこだ」と悩んでいるらしい。犬は男を追い抜き、ペースを落とす。短い動画の残りは、男と警察犬が、互いにくるくる回るというものだった。犬は、ゆるやかに楽しそうに駆けているようにしか見えない。もはや追跡者ではなく、ひょうきんなアニメキャラクターだ。音楽も、追跡にふさわしいドラマチックなものから、『ルーニー・テューンズ』「アメリカのアニメ黄金時代の短編映画」の曲に変わるので、ぴったりだ。

「自分も同じことをしないように、ハンドラーへの教訓さ」とナルは話す。

しかし、まるで大きく分厚いギプスのような、立派なスリーブを見て、匂いを嗅ぐと、犬のモチベーションが上がるのは分かる。ラックランドのパトロール犬エリアに行けば、犬たちはみな、巨大な腕のようなスリーブを持って、頭を持ち上げ、尾を激しく振り、闊歩している。部屋が数多くある無人のビルの、一つのドアの後ろに隠れた悪者をとらえるなど、いくつかの訓練を経ると、犬はわずかの間、スリーブを褒美として与えられる。すると犬は、世にも大きく奇妙な「骨」を咥えて、満面の笑みを浮かべる。動画の犬も、そのような褒美を待っていたとしても不思議ではない（男を傷つけたくなかったので、容疑者に噛みつかなかった、という説もある。ハンドラーの、保護服で守られていない箇所を噛んでしまった犬なら、ハンドラーの苦悶も記憶しているはずだ）。

パトロールの訓練は、犬の、遊びたい・狩りたい・追いかけたい願望を利用した楽しいゲームで始まるが、そこに守りたい欲求を加えていくには、何か月も、ときには何年もかかる。エイロッドいわく、「目標は、どのような条件下にあっても、自分と群れの仲間を守れる究極の軍用犬を育てることだ」。もしハンドラーが、喋ることもできないほど重傷を負った場合、犬は指示を待ってぼうっとしてはいけない。仲間を全力で守る態勢にシフトしなくてはならない。

ラックランドのトレーナーたちは、パトロール訓練犬に、保護本能の種を植え付ける。もし「悪者」が戦う姿勢を見せたら、あるいは質問を受ける最中に手を上げるような動作をしたら、攻撃に転じるよう覚えさせるのだ。

すべての犬が、パトロール訓練に合格するわけではない。パトロールには向き不向きがある。アニメ映画『牡牛のフェルディナンド』でも主人公の牡牛がただ座って、花の香りをかぐのが好きだったように、見た目は勇ましくても人間を攻撃したくない軍用犬はいる。心の優しいものは犬の世界にもいるし、彼らはどう頑張っても、頼もしい攻撃ができない。「ただ友達になりたいだけなんだ」とナルは話す。

軍もそのことは承知だ。だからこそ探知訓練を先におこなう。攻撃できなくても、良い鼻があれば活躍することができるし、外見が怖そうであれば軍用犬にとって特典になる。本当は耳の後ろを撫でてほしく、走り寄ってきているだけでも、取って食ってやる！　と思わせることができるのだ。

20
次は見ていなさいよ

犬たちのバイト・トレーニング［噛みつく練習］の見学をしながら午前中を過ごしていたときだった。私は海軍の憲兵のイーカリ・ブルックス一等兵曹と会った。ブルックスはハンドラー・コースの新入生に、犬を受け止めるコツを教えていた。

犬を受け止める（キャッチ）とき、彼ら（ジャーマン・シェパードか、ベルジアン・マリノワが多い）は、制御できないほどのスピードで向かってきて、最も動いている箇所、そして最も狙いやすい箇所を噛んでくる。これは危険を伴う訓練になるので、練習用の袖［スリーブ］を使うことになる。きちんと犬をキャッチできれば、怪我はしない。しかし少しでも間違えれば、数十キロもある犬の顎の力を、体験することになる。

ブルックスの説明によると、犬が駆け寄ってくる間、スリーブを体から数インチ離しておいた方が良いらしい。噛まれたとき、衝撃が和らぐからだ。経験を積んでいるハンドラーやトレーナーは、犬から逃れるように走り、噛まれる直前に体の向きを変えることが多い。新入りの訓練生は、衝撃を受け止めようと膝を曲げるか、正面を向き、棒立ちになることが多い。どちらにせよ、犬が真っすぐ走ってきたら、スリーブを動かさなくてはならない。保護されていない箇所ではなく、スリーブを標的だと犬に思わせなければならない。

犬たちは、テキサスの焼け付くような日差しの中、乾燥した芝生の上を、飛ぶように駆けていく。この「おとり」訓練は一歩間違えると大けがにつながると感じた（私は「ドッグ・キャッチャー」と呼んでいたが、ブルックスが言うには、「おとり」の方が適切らしい。一度はうっかりおとり役の人を「被害者」と呼んでしまったこともあるが）。ハンドラーもトレーナーも、多くの傷とがあるが、おとり役の男性も女性も、肩を怪我することが多いという。

ブルックスが近くにいる誰かに「犬の『キャッチ』をやってみたいかい？」と聞いた。

誰をおとり役に誘っているのかと見回したが、誰もいない。

「やってみたいかい？」

どうしよう、私に聞いているらしい。ブルックスは、「これこそ、君が大喜びするプレゼントだよ」と言わんばかりに、優しくうれしそうな目で、私を見ている。ノーと言えるはずがない。

「もちろん！　やってみたいです！」

突然、灼熱の太陽が、さらに暑く感じられた。

ブルックスは、迷彩模様の軍服を着た体格の良い訓練生を呼び寄せ、スリーブを借りた。『オズの魔法使』に出てくるブリキの木こりの腕を思わせる。硬いプラスチックの上にジュート繊維で織られたカバーがかけられている。ガパイ社製のスリーブで（後でエイロッドに教わるのだが、最も優れたブランドの一つらしい)、肩から始まり、肘のところで直角に曲がり、手の先まですっぽり覆うように作られている。犬がやる気を出しすぎた場合も安全なように、先端は完全に閉じている。

ブルックスにスリーブを渡された。その外側に血のあとがついていることを、気にしてはいけないと自分に言い聞かせる。ジュート繊維は、干し草のようないい色をしているはずで、実際のスリーブも、ほとんどがそのような色をしている。しかし一か所だけ、スーパーのひき肉のトレーに敷いてある吸収剤のような色と見た目をしている。どうしてそうなったか、聞かないことにした。少なくとも、今は知らない方がいい。

(その後教えてもらったのだが、犬が噛みついたとき歯茎がジュート生地にすれて出血したために、そのような色になったそうだ。不運なハンドラーがいたからではなかった。犬が、歯茎から出血するような噛み方をすることは稀らしい。このスリーブを見るとだいぶ使い古された感じであり、何百という犬の「キャッチ」に使われてきたことは明らかなので、これと相性の悪い犬が一匹くらいいたとしても不思議ではない)

スリーブに腕を通してみた。中には発泡スチロールの緩衝材と、強度を保つためのスチール棒が縦に通っている。緩衝材は、その日の朝の訓練でスリーブを使ったハンドラーたちの汗で、べたべたと汚く湿っていた。外側のジュート生地はぼろぼろで、犬たちの唾液で濡れていた。強い犬歯を持ち、さらに強い狩猟本能も持っている犬たちである。私がキャッチしなければいけないのは、ライカH267という、私より体は小さいが、年上のベルジアン・マリノワ犬だ。遠くから、私と、私の巨大な腕を眺めている。私の一部を食べたそうにしている。自分の腕がミンチ肉になったところを想像しないようにしながら、ブルックスの指示を受けた。

ブルックスは落ち着いていて、自信に満ちている。何年も同じことを指導してきたのだ。犬を相手にする仕事への熱意は強く、その熱意には感染力がある。

「こういう犬たちと一緒に仕事をして、しかも給料までもらえるんだ！　自分の仕事が好きだって言える人間はそう多くないけど、オレはこの仕事が好きだねぇ。この犬たちと一緒に働けるなんて、最高だよ」

安心して良さそうだ。

私は決められた姿勢を取り、膝を軽く曲げ、腕を胴体から数インチ離した。さ、マリノワよ、かかってこい！

そのとき、耳なしのハンドラーのことを思い出した。

★

その日、朝六時半のことだった。日中ほど気温があがっていなくて、鳥たちは心地よい茂みの中でまだ歌っている。ラックランドで、日影は非常に貴重だ。ハンドラー・コースを受ける新訓練生たちは、木の下で、犬たちとボンディングをすることで一日を始める。犬を割り当てられてから数週間経つ。中には深い絆を結んでいるものもいる。

訓練生たちは犬の毛をなでながら、話しかけている。「ラポール［親密になる］ワーク」と呼ばれるものだ。至近距離でスキンシップをとることで、犬たちは、訓練生に心を通わせるようになる。訓練生たちも犬についてより深く知る良い機会だ。中には、そんな訓練生の思いをよそに、ほかの犬に吠えたり、リードが伸びる範囲まで行ったり来たりしている犬もいるが、ほとんどが、満足そうにしている。

私は、海軍のハンドラー訓練生に近づく。彼の犬は、目を軽く閉じ、軍隊版ドッグ・マッサージともいうべきラポールワークをじっと楽しんでいる。耳の周りにもじゃもじゃした毛が生えた、大きなシェパードだ。本名はヒューゴP128だが、海軍の憲兵隊員グレン・パットン上等水兵は「チューバッカ」と呼んでいる。スター・ウォーズに出てくるあの毛深いキャラクターに似ているからだ。パットンは、満面の笑みで犬をなでている。

ヒューゴについて聞くと「大好きだよ。家に連れて帰りたい」とパットンは答えた。生まれてからずっと犬が好きだったというパットンは、何年も前から軍用犬ハンドラーになることを夢見ていた。そう話す彼が、頭を少し横に向けたとき、右耳の上から三分の一が欠けていることに気付いた。

耳があったはずのところは赤く、ぎざぎざになっている。誰か、あるいは何かに最近噛みちぎられたような跡だ。聞き出すまで時間がかかったが、実際に、その通りだった。先週、別のハンドラーから逃げ出した犬が、ヒューゴに襲い掛かった。パットンがとっさに庇いに入ったので、襲ってきた犬はパットンの耳を食いちぎった。

ほかのハンドラーやトレーナーたちが、ちぎられた耳を探し、何度も現場を探したが見つからなかった。念を入れて、襲った犬は獣医に連れていかれ、吐剤で胃の内容物を吐きださせたが、そこにも耳はなかった。

しかし、噛みつかれても、パットンの仕事への熱意は変わらなかった。

「おかしいかもしれないけど、この仕事がますます好きになった。思った通り、このプログラムへの思い入れが深いって証になった。犬と働くのがとにかく好きで、ここにいられる幸運が信じられない」

★

「ゲット・ハー（掴まえろ）！」

ライカは全力で駆けてくる。私は、指示された通りスリーブをつけた巨大な腕をライカに向けて振る。こうするとライカは、そこを目指すはずであり、ほかの部位（例えば、そう、耳など）は狙わないはずだ。ライカが接近し、ブルックスは私に動きを止めるように指示する。私はピタ

犬を「キャッチ」する著者。ここはラックランド空軍基地、軍用犬とハンドラーの訓練の出発点となる場所である。©ROBIN JERSTAD

りと動くのをやめ、ライカが目的の腕をしっかり噛めるようにしてあげる。

安全のため、ライカは長いリードにつながれているが、噛まれたときの衝撃は強かった。私は一歩後ずさりスリーブが体に打ち付けられる。ライカはスリーブにものすごい勢いで噛みついてくる。私がまたそれを動かし始めると、ライカはさらに噛みつき、より力を入れるために前足を私の腹に、さらに太ももに乗せる。噛む力は強く、安定している。彼女の顎の力はすさまじい。スリーブがなければ、私は血だらけだろう。

ライカに腕を噛まれている状態が、面白いとさえ思えてきた。ブルックスは、ライカに向かって唸り声をあげてもいいと言う。そこで唸ってみせると、ライカはさらに噛んでくる。そのときブルックスは、こういうときは必ず犬を褒めるものだと言った。私は、いい子だと言ったが、ふと気づいた。私は悪役で、褒める役ではないはずだと。しかしライカは、私の褒め言葉に惑わされることなく、噛む力を緩めない。気分がころころ変わる奴だ、と少しは思った程度だろう。そこへブルックスがやってきて、「よしよし」というように、ライカをしっかり撫でた。

「おとり！　抵抗をやめろ！」とブルックスは私に叫んだ。私は腕を動かすのをやめた。「アウト（はなせ）！」とブルックスは、今度はライカに叫ぶ。ライカは噛むのをやめたが、やめた瞬間、私の腹を鼻先で小突いた。「シット（座れ）！」「ステイ（とどまれ）！」。ライカは座った。

私はブルックスに指示され、数歩下がった。ライカはハンドラーとともに走り去ったが、途中で振り向き、私を見た。その表情は「次は見てなさいよ」としか言いようのないものだった。

21
ご褒美を利用する

ライカに与えられた褒美（「給料」とも言われる）は、二重だ。私の腕を噛めたこと。そしてブルックスに褒められたこと。ライカが私を味見したそうにしていたのも、仕事の褒賞が好きだからかもしれない。

ラックランドを見学する前は、犬の訓練がどのようにおこなわれているのか気になっていた。不屈の精神と、強い意志を持つ犬たちである。手荒い訓練を見ることを覚悟していたが、それがあまり過酷すぎないことを願っていた。

だから「正の強化」［ポジティブ・リーインフォースメント。正しい行動に褒美を与え、それを自発的におこなえるように躾けること］がおこなわれていることに驚いた。成果を上げた犬は、たくさんの褒美と褒め言葉をもらっていた。例えば探知訓練では、匂いの元を嗅ぎつけられなければ褒美をもらえないだけだ。怒鳴られることもなければ、匂いの元まで引きずられ鼻を押し込まれることもなかった。パトロール訓練も、探知訓練と大して違わない。褒め言葉と、コングと、スリーブが飛び交っていたが、噛む指示において、指示に従わなければ（例えば、「アウト！」とトレーナーが叫んでも噛むのをやめない等)、首元のチョーク・チェーン〔しつけ用のくさり〕をぐいっと引っ張られ、そのあと訓練を最初からやり直すだけだ。

「ほかの訓練方法より、その方が楽しいいし、やりがいがあるし、抑圧感がない」とエイロッドは話す。「強制とか、昔ながらの罰を使わないから、柔和な犬にも悪影響がない」。

ラックランドを訪れた数か月後、ビバリーヒルズで、アメリカ人道協会のヒーロードッグ賞授賞式がおこなわれたとき、私はヴィクトリア・スティルウェルに出くわした。ポジティブ・トレーニングの推奨をしてきた彼女の話を、多くの人が聞きに来る。私がこの本の取材中に見学した軍の「褒めて伸ばす」教育は彼女も賛同してくれるだろうと思って話してみた。しかし彼女は、軍用犬の訓練にはもっと改善の余地があると考えていた。

「すごく荒っぽい犬だって、ポジティブな育て方で、軍用犬として使えるようになる。カラーを引っ張る必要なんてない。チョーク・カラーなんてそもそも要らないんじゃないかしら」

ドッグ・スクールのトレーニング法改善に努めてきたドック・ヒリアードは、一部の特別な犬には罰則がなくてもパトロール訓練は可能であると話すが、それでも「すごく時間がかかる。そんな悠長なことは言っていられないし、私たちが買ってくる犬も、純粋なポジティブ・トレーニングを受ける準備ができていないんだ」。

私は各地の軍用犬訓練施設を見てきたが、どこに行っても、カラーをぐいっと引っ張る程度の罰しか見たことがない。リードを外して運動中、ハンドラーから数百メートル離れてアリゾナ砂漠まで走ってしまった犬がいたときも、ハンドラーやインストラクターに怒られてはいなかった。むしろ、より多くのケアを受けていた。「水を飲ませろ。体温を測れ。エアコンに当たれるようにトレーラーに入れてやれ」といった具合だ。記者がいたからみなで演じているというわけではけっしてなかった。それが普通なのだった。彼らはとても辛抱強い。もし私が気温四四度の炎天下でジェイクに何百ヤードも走らされたら、文句の一つや二つ言うだろう。

ドック・ヒリアードによると、軍用犬の訓練方法はこの二〇年で劇的に変わったらしい。昔ながらの訓練法では、罰を設けることで犬を無理やり従わせてきた。多くはチョーク・カラーをきつくしたり、引っ張ったりする方法だ。この罰をゆるめていくことが「褒美」であった。撫でて褒めることもあった。そして褒めること自体はポジティブな教育ではあった。しかし全体を見れば基本的に「強制」の訓練だった。犬には選択肢がなく、トレーナーの命令に従う以外になかったからだ。

この手法も効果はあったが、トレーナーを恐れ、仕事嫌いになる犬もいた。しかし近年のドッグ・プログラムは、「誘導型」の訓練法に傾いている。その内容は三段階に分かれている。第一段階で、犬はコングやボールという褒美をもらい、命令とは何かを学ぶ。この褒美を使い、犬が正しいポジション（「伏せ」等）をとるように「誘惑」し、それが成功すると褒美を与えるというものである。犬が命令を実行しなければ、褒美を与えない以外の罰則はない。第二段階では、それに少しだけの肉体的罰則を加える。リードを軽く引っ張るといったものだ。犬は、リードを軽く引っ張られることと、例えばハンドラーからの許可なく「伏せ」のポジションを解いてしまったことを、関連づけて覚える。このようにして、特定の行動をとるとカラーに力がかかり、別の行動をとればカラーの力がゆるめられることを知る。

最終段階では、どのような環境下でも、気を引き付けられることがあっても、命令を絶対実行しなければならないことを学ぶ。このときには、今までの、カラーを使った強制が強められ、犬への選択の自由は与えられない。ただし、最終段階を含めたどの段階でも、犬が正しい行動をとれば玩具といった褒美は必ず与えられる。こうして、トレーナー達によって訓練を受けた犬は、自分のなすべき仕事を間違えたり、命令に従わなければ修正されることも理解するが、基本的に仕事が好きになる。何を求められているか分かっており、求められていることをやれば褒美をもらえることも多いと分かるからである。

さらに厳しい罰が存在しないわけではないが、少なくとも、犬がブート・キャンプを終えてからの話だ。何をしても言うことを聞かない「気の強い」犬や、気性の荒い犬も、ときにはいるらしい。その場合、軽い「ケツたたき」をして犬にこちらの言うことを聞かせるのだが、コツは平静さを保ち、自分が場をコントロールすることだ、とハンドラー達は話す。例えば、ほかの犬やハンドラーを攻撃してやめない場合、仰向けにさせて顔を（強くない程度に）叩く。それに対して批判するほかのハンドラーはいない。その犬のとった行動が、いかなる理由があっても許されないのだと、怪我をさせずにはっきり伝えるのが目的だ。

しかし、ごく稀に、度を過ぎるハンドラーも出てくる。幸い、そのような者は滅多にいないらしいが、やはり気がかりな話だ。激昂したハンドラーが、犬を蹴ったり殴ったり、持ち上げて床にたたきつけたり、電気棒を使ったり、「ヘリコプター」することもある（ヘリコプターは、残念ながら、名前から連想される通りのものだ。犬を持ち上げ回転させ、怖がらせる。ハンドラーが本当に「ブチ切れて」しまった場合、犬を床にたたきつけて終わることもある）。

こういった振る舞いは禁止されているだけではない。犬を虐待すれば、統一軍事裁判法に基づき処罰される。任務の増加や降格、ハンドラー資格の剥奪、あるいは軍法会議にかけられ重罪判決を受けることもある。海兵隊のジョン・ブランドン・ボウ大尉によると、軍法会議にかけられることはほとんどないが、「司法外処罰」を代わりに課すという。「ドッグ・ハンドラーは軍の中で階級が上のことが多いから、『司法外処罰』で決着がつくことが多いんだ」とボウは話す。

思いもよらない人たちが制裁をくだすこともある。仲間のインストラクターやハンドラーたちだ。彼らが犬の代わりに仕返しをするのは、珍しいことではないらしい。既に仰向けになっている犬の腹を思い切り蹴とばしたハンドラーがいたら、「目には目を」の仕打ちをあとで受けても、驚きには値しない。

虐待とは違うが、不注意で犬をネグレクトしたハンドラーの話は、私も聞いた。そのハンドラーは、暑い夏の日に、トレーラーに犬を入れたまま忘れてしまった。犬がみな外に出たことになっていたので、エアコンは消された。犬はそのまま死んでもおかしくなかったが、ぎりぎりで発見された。ハンドラーは、二度と自分の犬のことを忘れないように、手を縛られ、ケンネルに入れられ、トレーニング場へ連れていかれ、そこに数時間放置された。その後、彼が犬のことを忘れたという記録は、ない。

★

この一〇年か二〇年で、犬は家族の一員として、生活の一部として、ますます欠かせない存在となってきた。軍も訓練で「正の強化」に重きを置くようになってきているのは、ごく自然なことかもしれない。次に引用する、軍用犬訓練の書籍に書かれた哲学に基づくような訓練だ。

それは、愛と忠誠心という最も高貴なマインドを、魅了し育むものでなくてはならない。……訓練のすべては、自発性に基づくべきだ。その目標のために、犬たちが、心地良いと感じるものすべてを、労働時間に関連付けるよう、優しく教えなければならない。いかなる状況にあっても、荒く扱ったり、荒い言葉で話しかけたりしてはならない。間違いを犯しても、あるいは訓練の遂行が遅くても、叱らず、ただやり直すよう諭すべきである。訓練者が、手荒い真似をしたり、犬への思いやりを欠くような真似をすれば、すぐに辞めさせるべきだ。可能性のある若い犬も、あまりにきつい指導によって、訓練の途中で簡単に振り出しに戻ることもあるし、完全に台無しにさせられることもある。……ムチなど訓練施設では使ってはならないし、まず必要がない。優しさのある、安定したルーティン・ワークこそ、犬の知性に訴えるものであり、理解したいという欲求にこたえるものは、思いやりある励ましとスキンシップだ。相手を服従させる方法や叱咤するよりずっと良い。

なんと現代的な考え方だろう。しかし、これが書かれたのは一九二〇年、英国軍用犬スクールの創始者エドウィン・H・リチャードソン中佐によってだ。以上は彼が著した“British War Dogs: Their Training and Psychology”（『英国の軍用犬――訓練と心理』）からの引用だが、彼の記事や、第一次大戦・第二次大戦における影響力により、米国の軍用犬訓練方法の土台が定まった。アメリカが、第二次大戦中に軍用犬プログラムを運用し始めたときのことだ。

リチャードソンの考えでは、「正の強化」こそ、犬を正しく訓練する唯一の方法だ。犬はもともと性格が良く、人を喜ばせたがる動物であると考えられていることが前提となっている。軍用犬歴史家マイケル・レミッシュによれば、アメリカの軍も「正の強化」の方針にのっとり、厳しいしつけや手荒い扱いを推奨したことはない。しかし実際には、耳の後ろを掻いたり、ゴムボールを与えたりするだけが、軍用犬の訓練内容ではない。第二次世界大戦時の地雷探知犬も、電気ショック・カラーを使った訓練を受けていた。

ベトナム戦争時の、歩哨犬の訓練には、狂っているとしか思えないものがある。「アジテーション」と呼ばれる手法は、次のように記されている。「獲物を襲うよう犬を興奮させる方法について。通常は、短い棒を使って背中をたたく。そうすると犬はさらに興奮して追っていく。これは『罰則』ではない」。

以上が、実際に使われた「ムチ」だ。しかし最近ではすべてが「飴」だ。

★

あるハンドラーが、最初にコンビを組んだ爆発物探知犬について話してくれた。その犬はベテランで、何をすべきかはっきり分かっていた。

「こう言っている感じだった。『オレのコングを用意してくれ。褒める準備もしてくれ。爆弾を見つけてやるから』。このゴムおもちゃの威力は、本当にすごいよ」

コングの存在がなければ、近年における軍用犬の訓練法も扱い方も違うものになっていただろう。犬のための硬いゴム製のおもちゃは一九七〇年代の半ば、フリッツという名の引退した警察犬がいたから考案された。ジャーマン・シェパードのフリッツはいつも石や空き缶など硬いものをガリガリ噛んでは、飼い主ジョー・マーカムを困らせていた。ある日、マーカムが一九六七年型フォルクスワーゲンのバンを修理していたとき、フリッツはまた石を噛み始めた。石から気をそらすため、マーカムは不要になったバンの部品を次々とフリッツに投げ始めた。ラジエーター・

ホースを始め、様々な部品が飛んできても、見向きもしなかったフリッツだが、マーカムが硬いゴム製のサスペンションを投げると、目の色を変えた。

マーカムは、これにヒントを得た。デザインを考えると、コロラド州の自宅近くのゴム工場を訪れた。その製品の原型を見た、マーカムのビジネス・パートナーは、「まるでキングコングのための耳栓みたいだな」と言った。そして、それが商品名になった。今も、コングは、特許で守られた超強力なゴムを使い、コロラドで製造されている。そして犬用玩具市場を独占している。

軍用犬の世界において、コングはどこでも使われている。ラックランド基地は二〇一〇年だけで、約一〇〇〇個のコングを注文した。近年のアフガニスタンにもコングは溢れている。多くの軍用犬が働いているからだ。コングの製造会社の社員によれば、年間に何千というコングを軍の施設やハンドラーに寄付しているらしい。

コングは一種類だけでなく、何種類もの商品ラインアップがある。その中でも軍で人気が高いのは赤もしくは黒色の、三つの大きさのボールをぎゅっと合わせた雪だるまのようなコングだ。中は空洞で、一般家庭ではその中におやつを入れ、犬はそれを取り出すため夢中になる。

しかし軍ではおやつを詰めたりしない。第一の褒美はハンドラーによる褒め言葉で、はねる褒美はそれを補う存在である（トレーナーによっては、逆こそ真なりと言う。つまりコングや玩具が一番で、ハンドラーが二番であると。ハンドラーと犬のタイプによるのだろう）。コングによって、犬の狩猟と遊戯の本能が満たされる。コングを地面に落とせば分かるだろうが、テニスボールのように、まっすぐ跳ね返ってこない(ただし、軍用犬もテニスボールを褒美として与えられることがある。何もなければグローブもありだ)。その変わった形によってコングは不規則に跳ね返るので、まるでウサギなど、逃げ惑う動物を連想させる。犬は追いかけ、掴まえることによって、口に獲物(玩具)を噛みしめるという、比類ない喜びを経験するのである。

「狩猟本能の強い犬にとって、コングは一〇〇万ドルの褒賞に匹敵すると言っても過言ではない。投げれば、犬は走る! 追いかける! 噛みつく! 本人にも止められない欲求だ」と話すのはクリストファー・ナイト一等軍曹だ。しかし、中には狩猟本能がそれほど強くない軍用犬もいる。コングも、褒め言葉も、食べ物の褒美さえ、良い仕事の見返りには不十分だと考える犬たちだ。こういった犬たちは、ドッグ・スクールでは成績が良く、米国の基地でもそれなりに通用するかもしれない。しかしアフガニスタンに派遣されたら、つまり爆発物を嗅ぎ出す欲求こそが、自分とハンドラーとほかのみなの命を左右する場所に行ったら違う。

アフガニスタンのように戦争に荒れた国では、銃音、家屋の爆発、即席爆弾の音、高い気温にさらされるが、それらは軍用犬が経験する究極条件のほんの一部だ。狩猟本能が強い犬でも、危険に満ちた外国の基地に派遣されると、今まで通りの仕事をできないことがある。

幸いにも、軍用犬もハンドラーも、そのような戦地に派遣される前に、米国内の訓練地に連れていかれ、派遣後の激務に備える。そこは、もし何も知らずに連れて行かれたら、まさかアメリカだとは思えない訓練地だ。

III

犬を訓練する者　犬を科学する者

22 アメリカの中の、アフガニスタン

犬たちが出ていったあとのトレーラーは、静かなはずだった。実際、クリストファー・ナイト一等軍曹が、空になったケンネルから半メートルほどのところを歩いたとき（それは四三度もある八月の日だった）まったく物音がしなかった。ナイト（一等軍曹をガナリー・サージェントというため愛称「ガニー」と呼ばれる）は、上官のジョン・ブランドン・ボウ大尉に言わせると「犬の訓練をさせたら、すばらしく有能で驚異的な力を持つ男だ。地球上で一番と言ってもいい」。

私は数秒遅れてガニーに続いた。突然、一匹の犬に大きな声で何度も吠えられた。ロッキーP506だ。同じ訓練クラスの犬たちは、遠くで、おとり役の人間を追いかけているが、ロッキーは、エアコンの効いたケンネルでくつろいでいた。バックアップ犬［待機している犬］なのだ。この日の訓練は、ヘリコプターに乗るところから始まる。これは犬にとって、とても怖い体験なので、恐怖のあまり訓練を続けられない犬が出てくる。そのためこうして待機している。ロッキーは、私が六メートルほど離れても、吠えやまない。

「ガニー。どうしてあの犬は、あなたに吠えなかったの？」

「へへっ」

とガニーは笑う。

ロッキーの仲間たちの働きを見学し、一時間後にケンネルに戻った。ガニーが例のトレーラーの前を通り過ぎる。再び、静寂。しかし私が数メートル近づくと、また「ワッワッワッ」と大きなスタッカート音で吠えられた。

「ガニー、どうしてあの子は私にだけ吠えるのかしら。犬には好かれるタイプなのに。どういうこと？」

「考えられる理由はいろいろさ。あんたが制服を着ていないのもあるだろうね。犬たちは制服を着た人に慣れているから」とガニーは説明する。

吠え声が続くので、ガニー・ナイトは、トレーラーに向かう。「見てな。息を吹きかければ、落ち着くんだ」。ジャーマン・シェパード犬のロッキーは、ケンネルの鉄柵ごしに、まだ私に吠えている。しかしガニーが、その犬の頭に息をふーっと優しく吹きかけると、犬はすぐに吠えるのをやめ、座った。

ボウによると、ガニーの犬の扱い方は、ずば抜けている。

「犬語を喋る。それがガニー・ナイトだ。犬のスラングも喋る。英語の犬語も喋るし、エボニックス［黒人英語］の犬語も喋る。どんな言葉でも、犬の言っていることが理解できるし、自分も犬語を使って訓練をする。私も海兵隊に二〇年と長いこといるが、彼ほど犬と相性のいい人に会ったことはない」

私は、おとなしくなったロッキーについてもっと知りたいと、近づく。すると、ロッキーは再び、私に吠え始めた。

「いいよ。息を吹きかけて」とガニー。

「あんたが落ち着いているってこと、彼をコントロールできるってこと、あんたがボスだってことを、匂いで分からせてやるんだ」

「私は、落ち着いている。ボスなんだ」と自分に言い聞かせ、ロッキーの頭に優しく息を吹きかける。が、うまくいかない。確かに私は落ち着いているが、ボスになりきっていないことに気付く。言葉を思い浮かべているだけだ。そこで、私は、自分をガニー・ナイトだと思い込むことにした。言葉ではなく、心から、優しい権威になりきった。そのとき、私は自分自身が筋骨隆々とした体格をもったガニーなのだと思い、自信にあふれた大きな笑みを浮かべた。私はその瞬間だけ、ガニー・ナイトになり、ガニー・ナイトの波動を出すつもりで、ロッキーの頭に息を吹きかけた。

ロッキーの動きが、突然止まった。そして座って、私を見た。口は半分開き、リラックスしたようだ。私がガニーと歩き去っても、その状態が続く。

何が起きたのか。

ガニーは、この方法をとることで、自分特有の匂いを犬に嗅がせ、落ち着かせるという。「そうすると、犬は、オレについての様々な要素を特定できるんだ。自信があるか、どんなふうに恐怖を感じるか、脅すこともあるか、犬を信頼しているか、落ち着いて穏やかな性格をもっているか、ということも」。

のちに、この件を、犬の認識力専門家アレクサンドラ・ホロウィッツに話した。彼女ならガニーがかけた魔法について説明してくれると思ったのだ。驚いたことに彼女は、犬の顔に息を吹きかけるのは攻撃的な行動にあたると、犬の業界では知られていると言う。

「息を吹きかけられて、犬が落ち着きのない行動を止めたというのは推測できるけど、必ずしもその犬が穏やかな気持ちになったからではないと思う。怯えさえ感じた可能性があるわ。その海兵隊の犬がとるほかの行動や姿勢も考慮に入れないと、何も言えない」

相手が標準的な軍用犬トレーナーであれば、ホロウィッツも、ほかの事例を参考にしつつ科学的に洞察を加え、結論を導きだせるだろう。しかし、ガニー・ナイトは、どこを取っても標準的なところがない。

そして、メキシコとカリフォルニアに接する、ここアリゾナの乾燥地帯で、ガニーが指揮する軍用犬とハンドラーの派遣前訓練コースにも「普通」はない。初めてユマ試験場を訪れた瞬間から、それを思い知った。六月の、まだ空も暗い朝四時半のことだった。

23 ユマ試験場

屋外に並ぶケンネルの上に、満月が浮かんでいる。夜明け前の温かい砂漠の空気に、犬たちの吠え声が不協和音のように響く。迷彩服を着た一六人のハンドラーが、興奮した犬たちを迎えに来て、朝の散歩をするためリードにつなぐ。二キロ先では、火薬担当チームが埃の舞う道路で、爆弾を仕込んでいる。土や小石をかぶせて、風景に溶け込ませるタリバン方式だ。

ガニー・ナイトは、彼が所有する、いすゞビークロスに乗るように言った。アメリカでは、数年で約四〇〇〇台しか売れていない車種の一台、と説明も受けた。

私たちはサイト2と呼ばれる場所へ移動した。運転中、太陽が地平線から姿を見せると、少し前まで靄がかかっていた景色に光が差し込んだ。どこを見ても、乾燥したソノラ砂漠は四方に無慈悲に広がり、遠方に険しい山々が小さく見える。ここで迷子にはなりたくない。

どこかアフガニスタンの風景と重なる、と思って見ていると、人が空から落ちてきた。パラシュートで二〇人ほどが降下してきたのだ。怖いくらい近くに降りてくる。私は見入ってしまった。何かしらの特殊作戦チームに間違いない。カイロの部隊とも関係あるかもしれない。しかし興奮する私をよそに、ガニーは素っ気ない。

「ばかばかしい。パラシュートで降下して戦闘を始めた時代なんて、いつのことだ」

私が土地勘をつかめるように、しばらく車で辺りを走り回ってから、ガニーは目的地で車を止めると、八人のハンドラーが長距離のランニングから戻ってきた。既に二八度だ。顔を真っ赤にして汗だくのハンドラーもいるが、中には冷房の効いたカフェから出てきたように涼しい顔をした者もいる(主に海兵隊員だ)。次は、腕立て伏せの時間だ。筋トレが終わる頃、月も消えて、トレーラーで吠えていた犬たちも一ガロン［三・八リットル］の皿に入った水をがぶ飲みする。時間は朝の六時。一日の始まりだ。

★

基地を出て任務につく軍用犬ハンドラーは、厳しい派遣前訓練を受けることとなっている。戦争で味わう辛い試練の数々にも向き合えるように、ハンドラーも犬も、専用のコースを受けるのが一般的だ。軍用犬チームのための派遣前のコースはネバダ州のクリーチ空軍基地にも、ニュージャージー州のフォート・ディックスにもある。

しかし、陸海空海兵隊の四軍それぞれに所属ハンドラーや派遣前訓練インストラクターたちから話を聞いたところ、ここユマ試験場で行われるインターサービス・アドバンスト・スキル・K

9（IASK）こそが最高のコースと、みなが言った。三コースの中で唯一、アドバンスト［上級］のコースらしく、ドッグ・チームにとって重要なことを集中して教える。しかも四軍すべてのハンドラーを受け入れるのは、ここだけだという。海兵隊が運営するこのプログラムを受けた者は、訓練内容が非常に厳しいにも関わらず、誰もが絶賛する。

「ほかのコースとは比べものにならない」「自分の命も、そのほかのたくさんの命も、守ることにつながる」「死ぬほどキツいが、全軍で最も優れた訓練」「派遣前ハンドラーに、義務付けた方が良い」「ガニー・ナイトは、誰もかなわないほどすべてを知り尽くしている」

このコースは、ロケーションにも恵まれており、約三三〇〇平方メートルにも及ぶ敷地は、軍事施設として世界有数の大きさである。ユマ試験場は、軍需品システムや兵器、軍用車両、有人および無人の航空システムの検査をおこなう場として知られている。さらに、パラシュート降下訓練も年間で三万六〇〇〇件おこなわれているが、この訓練はガニー・ナイトがあからさまに軽蔑している。スカイ・ダイバーたちが、小雨のように飛行機から降り注ぐたび、ガニーは名前をつける。今回は「クソいまいましい栄光の子どもたち」。パラシュート隊員も、ガニーにとっては蚊と変わらないようだ。あるいはもっと根深いところに反感を抱かせる何かがあるのかもしれない。

ユマ試験場は、その地形と気候のため、海外に派遣されるあらゆる部隊にとって望ましい訓練場だ。IASKコースにはさらに、本格的な「中東風」の村が造られている。モスクがあり、泥とコンクリートでできた家屋が並び、小さな市場もある。サイト2では壁に囲まれた二階建ての建物がある。ビンラディンが最期を迎えた家の、簡略化されたミニバージョンなのだ。さらに、ここが兵器の試験場であるため、ほかの軍用犬訓練コースでは出てこないような多くの軍需品や兵器を使うことができる。

一九日間の訓練コースでは、犬もハンドラーも現実と同じような襲撃に参加したり、夜間任務をおこなったり、通行ルートの危険を除去する。火薬や爆弾、迫撃砲の音を出す機械は、耳も聞こえなくなるほどの爆音を立てる。重い荷物を担いでの訓練は、長く厳しい。やる気をそぐほど気温も高い。

IASK コースの奇襲訓練。戦地を忠実に再現した場でおこなわれ、銃や IED が爆発し、追撃砲が破壊される爆音が響く。©JARED DORT

「本基地で優秀だった犬も、涼しいところからここに来ると、とんでもないヘマをやらかすもんさ。『マジかよ！　もうやってらんない、息もできない、なのにまだ朝の一一時か！』ってね」

「でもこういう土地と、こういう気温を犬に経験させておかないと、実際どうなるか分かったもんじゃない。人間だって同じさ」。リュックサックの重さに苦しむ海軍のハンドラーを見ながら、ガニーは話した。

　このコースで最も貴重といえるのは、手製爆弾（ＨＭＥ）を用いた訓練ができるところだ。現在、アフガニスタンで使われている爆弾の九〇％がＨＭＥと試算されている。その匂いを記憶にしっかり焼き付けることが重要になるため、ガニーは、ハンドラーのための特別短期コースも設けた。

　マックス・ドナヒュー伍長と犬のフェンジ［１章］も、アフガニスタンに派遣される前に、この特別ＨＭＥコースを受けた。優秀な成績をおさめた一人と一匹は、ほかの海兵隊員にもＨＭＥコースは必ず受けるべきだと広く伝えた。「自分の命と、犬の命、そして自分たちについてきてくれる隊員たちの命を救うことになる」と。

「ＨＭＥを何も知らない犬を連れて、アフガニスタンに行くなんて意味がない。弾薬を持たずに、ライフルだけ持って戦争に行くようなものだ」とガニー・ナイトは言う。訓練を受けていない犬に、探せと期待する方が間違いだ。探し出して反応して褒美をもらう、という訓練を受けていない犬にしてみれば、硝酸アンモニウムの匂いには何の価値もなく、犬にとっては何の興味も引かない山盛りのブドウと変わらない存在だ。

二〇一〇年から二〇一一年の半ばまで、軍用犬作戦を指揮していたスコット・トンプソン最先任上等上級兵曹は、ガニー・ナイトと密に連絡を取り、その時々でタリバンが用いる爆発物やIEDの仕掛け方の特徴を伝えていた。今、その情報を伝えてくるのは主にハンドラーたちだ。何に気を付けるべきか、アフガニスタンにいるハンドラーたちが、すぐにガニーや彼の部下に伝え、それに備える訓練がおこなわれる。このコースを受けたハンドラーたちは、タリバンの最新の手法にも準備ができているのだ。

★

朝七時。グウェンドリン・ドッド空軍二等軍曹が、その日一番に来たハンドラーに最終指示を出している。彼女が話す間も、周りで迫撃砲や火薬のシミュレーターが音を立てている。ドッドはハンドラーと犬と訓練場の端にいるが、建物エリアに入るには、埃だらけの長いトンネルを這っていかねばならない。「用意はいい?」とドッドが聞き、ハンドラーのパートナーを見下ろした。犬は植物らしきものとじゃれている。犬が犬として見える瞬間だ。戦士ではない。私たちが家で飼っているのと同じ動物なのだ。ハンドラーが「ゴー・アヘッド(前へ進め)」と元気良く伝えると、犬は突進していく。ドッドとハンドラーが続く。

ガニーと私は、建物エリアの端で彼らに再会した。それから二時間、ほか二名のハンドラーが犬を連れて同じ襲撃訓練を受けるのを見学した。全身に戦闘用装備をつけ、ライフルを構えたハンドラーは、スナイパーなどの危険に気を配りながら、建物の外壁に近寄る。角を用心深く探るが、うまくできるときもできないときもある。あるハンドラーは犬より先に角を曲がってしまった。これが実地であればＩＥＤが爆発しただろう。チーフ・インストラクターのケニー・ポラス海兵隊二等軍曹が彼を止め、犬を先に行かせるようにと教えた。そこでハンドラーが、ジャーマン・シェパードを先に行かせると、犬はすぐに伏せ、尾を振った。じっと見つめる先には、周りとまったく変わらぬ砂利だらけの地面にしか見えないが、ガニーが、土や砂利を掃いてどけるとＩＥＤがあった（導火線や起爆装置がないので、安全ではある）。

屋内でも、部屋から危険を取り除き、階段も用心しなければならない。近くでは迫撃砲や火薬のシミュレーターが、ひっきりなしに爆発音を立てている。時間が経つにつれて、ベニヤ板でできた建物内の空気はますます息苦しくなってくる。しかし犬たちは相変わらず元気良く、環境の不快さも気にしない。そして天井からも、箱の後ろからも、次々と爆発物を見つけ出す。あらゆる隠し場所を探し、見つけると、尾を振る。いい仕事をしたのは分かっている。するとコングが登場し、ヒューという歓声と褒め言葉が続き、ささやかなパーティは終わって、次の爆弾を見つけに行く。

「頼りにならない犬はけっこう多い。でも、このコースを修了した犬なら、特殊作戦にも安心して後ろからついていくよ」とガニーは言う。

24
鉄砲ぎらい

コースを受ける犬とハンドラーのチームのうち、約一〇%は卒業できない。

神経質だったり、銃を怖がったり、気が散りやすかったり、体調を崩しやすかったり、そういった犬は、良い軍用犬にならない。ハンドラー自身がこの仕事に向かないときもある。言い訳をしすぎるか、ガニーが言うには「泣き言が多い」のだそうだ。しかしガニー・ナイトたちスタッフが手を貸したい相手は、そのような、けっして優秀とはいえない犬やハンドラーだ。できるだけハンドラーをクビにしたくないと言う。

「オレだっていつも失敗するのを怖れている」とガニーは話す。「だから相手が失敗したときの気持ちも、分かる。それが一〇〇%犬のせいだったとしても、楽しいもんじゃない。だからと言って、簡単にここを卒業させて、ほかの連中の先頭を歩かせるわけにはいかない。戦場ではみんな犬に命を預けて先頭を行く連中なんだ」。

「こいつを見てくれ」とガニーは続けて、ＩＥＤの除去訓練をおこなう海軍ハンドラーを顎でさして言った。「オレは、残酷なほど正直だ。こいつがダメだったら、『お前はダメだ』って言ってやる。そしてそこから、どうしたらいいか一緒に考える。このコースを卒業した三か月後に、こいつが戦死したなんて話、絶対に聞きたくないからね」。

ハンドラーの中には、戦争ごっこをする気はあるのに、本当に戦う覚悟がない者もいる。どういうことなのかは、ガニーに質問してみれば分かる（実際には、質問する必要もないかもしれない。どのような会話をしていても、仮に天気の話をしていたとしても、ガニーは必ずそれを話題にする）。戦争ごっこをしたがるハンドラーは、元の基地では最低限の爆発物訓練や筋トレしかおこなわず、一回の訓練も二〇分程度という。そんな彼らがガニー・ナイトのコースを受講すると、徹底的にしごかれる。

建物エリアに向かって、私たちは歩く。一匹の犬が、ハンドラーの先頭に立ちながらIEDを探して嗅ぎまわっていた。あたりには爆発シミュレーターが鳴り響くので、怒鳴らないと何も聞こえない。緊張感が溢れている。ここがアフガニスタンだと思い込むことは難しくない。現実では、ドッグ・チームの後ろに続く隊員が多いだけである。訓練中の犬は大きな石を見つけ、興味を持って近づく。爆発物を発見したのだろうか。犬は匂いを嗅ぐ。さらに嗅ぐ。すると片足をあげて、岩におしっこをひっかけ、歩みを再開する。

犬も、排泄しなければいけない。しかし中には、気が散りやすい子もいる。うちのジェイクが数一〇センチごとにマーキングをしていたら単に苛立つだけだが、戦地でやったら命取りだ。

「あの犬がさぼって、そこら中にションベンやウンコをして、肝心なものを見つけてくれなきゃ、こっちだって好きにしろ！　別のヤツを連れていく！　ってなるだろう？　そうすると、別のハンドラーに、その負担がかかる。そのチームに負荷がかかりすぎたら、正確さも欠ける。だからオレたちの目標は、派遣するドッグ・チームを全員、力のある頼れるやつらにすることだ」

八月に、再びユマ試験場を訪れると、新しいハンドラーの一団がいた。気温は四三度もあったが、彼らもやはり完全装備だった。コースの序盤で、ハンドラーたちは、圧力感知板やIEDを探す訓練を始めたばかりだ。装置に爆薬の匂いはついていないので、この訓練は犬ではなく、ハンドラーのためにある。何者かがそこにいた形跡を知る手がかりを勉強するのだ。周りの地面となんとなく溶け込まない砂利の並び。汚れがついていないワイヤー。ソーダ瓶の蓋のように見える丸く平たい金属……周りに落ちている普通のごみと、何が違うのか。

ポラスは訓練生たちに、偽のIEDを探すように指示したが、見つけてもとりあえず黙っているようにと伝えた。ちなみに、怪しいものは踏まないように、とも付け加えた。ハンドラーたちは、砂利の多い狭い敷地を、ゆっくり慎重に歩き回った。数分後、ガニーがあるハンドラーに怒鳴った。

「おい、気分はどうだ」

「良好です」

「軽くなったような気はしないか」

「しません」

「いや、しているはずだ。お前、圧力感知板を二回も踏んだぞ。ここがアフガニスタンだったら、手足を何本かなくしているところだ」

そのハンドラーは少し気まずそうに笑った。ブラックなユーモアだが、ガニーの意図は伝わった。ハンドラーたちは、少しの手がかりも見逃すまいと、ますます慎重に、ゆっくりと探しまわった。

ポラスは、装置の隠し場所を明かすと（中にはあまりに巧妙に隠されていて誰も見つけられなかったものもある）、次は犬と一緒に歩く練習をさせた。決められている楕円形のエリアを何回も歩くのだが一〇フィート（三メートル）も離れていないところで、シミュレーターが火薬や迫撃砲の爆音を不規則に鳴らす。何周かすると、ガニーは前かがみになって、あるジャーマン・シェパードとベルジアン・マリノワを指さした。その二匹は、ほかの犬より頻繁にハンドラーの顔を見上げていた。「あいつらは、問題がありそうだな」とガニーは言う。私には大丈夫そうに見えたが、数分すると、ガニーの言った通りになった。

爆発音がするたびに、二匹はびくっと伏せた。誰かに殴られそうになるときの態度だ。尾を巻いて逃げ出そうともした。見るのも痛々しかった。ほかの犬たちは、爆音に気付きもしないかのように、尾を高くピンと立てているか、尾をリラックスさせながらも集中している。しかし、この二匹は、明らかに苦しそうだ。マリノワのハンドラーは、爆音がするたび、すぐに犬の恐怖をなだめようとする。

ドカーン。

ハンドラーは、犬の脇腹を撫でてやる。

ドカーン。

ハンドラーは「大丈夫だ」と話しかける。

ガニーは、ハンドラーを手招きして、犬のリードを受け取り、シミュレーターからさらに数フィート遠ざかった。犬は座り、ガニーを見つめた。ガニーは犬の頭を優しく撫で、腰をかがめながら、落ち着いて犬の目を見た。そして顎を撫で、耳の後ろを撫でた。見上げた犬は、既に幾分か落ち着いてきたようだ。ガニーは犬を反対方向に連れて歩いてから、犬と向き合う姿勢を取りつつ再び音に向かって歩きだした。犬は座ってからジャンプして、前足をガニーの胸に乗せた。ガニーはさらに撫でてやったが、同時に、膝を使って座れの姿勢を再び取らせた。

これを数回繰り返しながら、シミュレーターに近づいていったが、もう犬にジャンプはさせなかった。犬が座ったときに撫でてやり、体を近づけ、目をじっと見つめるだけだ。「お前ならやれる。こんな音、気にするな。絶対、大丈夫だ」と伝えているのが分かる。この様子を、腰をかがめてずっと見ていたハンドラーに、ガニーはリードを返した。ハンドラーは犬を連れて行ったが、犬はガニーのところに戻ろうとする。みなが訓練を続けている楕円に入るまで、二回も戻って来ようとした。

「犬に、本当の自信を見せなきゃいけない。自分が自信を持っていれば、犬もそれを見て、感じて、安心する」

さっきよりはいいが、犬はまだビクっとする。まだまだ、合格とはいかない。

ドカーン。

ハンドラーは犬の頭を撫でてやった。

すると「余計に怖がるぞ！　無視してやれ！」ガニーが怒鳴った。

ガニーの説明によると、ハンドラーは良かれと思って犬をなだめているのだが、実際には爆音が怖いものだというイメージを植え付けているらしい。

「ハンドラーの気持ちが、リードを通ってそのまま犬に伝わるんだ。すると犬は『やっぱりこの音は怖いものなんだ』と思ってしまう」

爆音はすさまじい。犬が怖がるのも当たり前だ。そうじゃないと信じ込ませるのは、ハンドラーに絶対服従する犬に、嘘をつくようなものだ。しかし現実には、この犬たちは、海外に派遣される。爆発音の意味を分からせ怖がらせて、犬を戦地に行かせることに、なんの意味があるだろう。

爆発音に慣らす訓練は、音から危険を連想させないためにおこなわれる。爆発や銃声を何度聞いても、一度も嫌な思いをしなければ、神経質な犬でも、なんとも思わなくなる。ガニーに言わせると（ガニーはよく、犬になりきって話す）、軍用犬たちは次のように考える。

「この音はこれまで千回も聞いてきたけど、一度も撃たれたことないや。千一回目だって怖くない。それに、この音が鳴っているときに探し物を見つけると、ご褒美がもらえるんだ。楽しいことじゃないか！」

もう一匹怖がっていた犬がいた。今回、ガニーはすべてをゲームに変えてみた。ガニーはハンドラーから、犬が使っているコングの玩具と、リードを受け取ると、シミュレーターから走って遠ざかった。そして爆音が鳴ると、褒美を与えた。同じことをしながら、行ったり来たりした。爆音から気をそらせたいらしい。シミュレーターを扱っているスタッフには、いつ音を出すべきか合図を送っている。玩具を与えたところで、シミュレーターが鳴る。最初のころは、犬は玩具を落としていた。しかし何回かすると、玩具を落とすことが減った。音を怖がるのは変わらなかったが、ガニーがハンドラーに犬を返したとき、だいぶ良くなっていた。ガニーによると、これは最適な犬の訓練法ではないらしい。本当は、遠くから始め、だんだん近づきながら慣れさせる方が好ましいとのことだ。その方が、頻繁に褒美を使わなくてすむからだ。しかし、何もしないで見ていることができず、応急処置として今回の手を使ったらしい。

★

六月に訪問した時、海軍から来ていて卒業できなかったハンドラーに会った。「会ってすぐ、犬が軍用犬に向かないと分かった」とガニーは話す。ある朝、ガニーは、ハンドラーの横のジャーマン・シェパードに、近寄っていった（犬の名前は明かさない。卒業できなかったことをハンドラーは今も気にしており、それも十分理解できることなので）。半分脅すような調子で、足早に近づきつつ、帽子を振った。犬はゆっくりと立ち上がり、あいまいに一、二回吠えた。ガニーは、やる気を起こさせようと、至近距離まで近づいた。犬にその気さえあれば飛びかかることもできる距離だ。ガニーが機敏に動かなければ顔を食いちぎられるほどの距離である。犬は、ちょっとはイラついた様子でガニーの方へ寄り、先よりはやる気を出して吠えることには成功した。しかし、ガニーが期待した反応とは違った。

急襲など、ほかの戦闘シナリオで訓練を受けていたときは、それなりに努力を見せたそうだが、結局、成果につながるほど、褒美をほしがらなかったようだ。

「あの犬は、『こんなことして何になる。オレは、六五歳のおばあちゃんちで、テレビを見てゴロゴロしたいだけなのに』と言いたげだった」とガニー。

このコンビは再び元の基地に戻り、自信とやる気を取り戻すまで、訓練を続けるという。

25
イエスマン

ガニーがどうしても我慢できないものが、強いリーダーになれないハンドラーだ。犬社会が序列で成り立っているという考えは古すぎると言う人もいるが、軍関係者では少ない。

「服従者が二人もいて、いいことはない」とガニー・ナイトは言う。「下手に出てしまうハンドラーが多すぎる。良いチームになるには、良いリーダーが必要だ。それは、ハンドラーであるべきだ。犬ではない」

「最近ではみな、ほかの人と同じことをやりたがる。頭で考えないんだ。それじゃリーダーになれない。軍でもそうだ。人が多すぎるのか、まるで羊だね。おとなしく言われたことしかしない。人間じゃなくて、それじゃあ羊だよ。人生、そんな風に生きるもんじゃないし、ハンドラーもそうあるべきじゃない」

「オレは、羊にはなれない」

本人に言われるまでもなく、最初に言葉を交わした瞬間から、ガニーがイエスマンでないことは分かっていた。ユマ試験場の訓練コースについてエイロッドに聞いて以来、私はここを実際に見学したいと思っていた。正規のルートで取材を申し込むと、二週間後、広報担当から、私の要望を検討するという電話がかかってきた。時間はかかるかもしれないが、最善を尽くすとのことだった。

二日後、大きく響く声を持つ男から電話がかかってきた。その男は、クリス・ナイト一等軍曹［ガニー］で、ユマ試験場の派遣前コースの主任だと自己紹介した。はじめ、私は広報部のスピードに感心したが、ガニーの電話は、広報部と関係がないことが分かった。私がどのような見学をしたいのか、要望を書いたメールを見たガニーは、「正規ルートで許可をとったら、恐ろしく時間がかかるぞ、そもそも要求が通ればだが」と考えて、私が取材できるように少し軍規を曲げるよう、犬の訓練を統括するボウ大尉に話を通してくれた。ボウの職場はミズーリ州フォート・レオナード・ウッドにある。彼は約二六〇〇キロも離れたところにいるらしい。「そんなに離れていたら統括するのは無理。だからガニー・ナイトが必要なんだ」と後になってボウは話してくれた。「ガニー・ナイトは、海兵隊で一番の男。だから安心して任せられる。スポーツで例えるなら、トム・ブレイディー、アレックス・ロドリゲス、マイケル・ジョーダンを一人にしたような男だ。彼のおかげで、あのコースは成功している」とボウは話す。

ナイト一等軍曹が、すべての規律を守るタイプではないことも認識している。「人生には、ブラックな領域がある。ホワイトな領域もある。グレーの領域もある。ガニーが、グレーの領域に入らなければならないときは、一瞬だけ足を突っ込んで、全速力で出てくる。そこには、いつもちゃんとした理由がある」。

今回も、ガニーがグレー領域に踏み込んでくれたおかげで、ボウ大尉は私の取材要求にＯＫを出した。ユマ試験場には、一夏の間に二度も訪れることができた。八月の訪問時にはユマ試験場の広報担当者が車でやってきた。ガニーは静かな声で、私にしばらく外すように言った。全部オレに任せておけばいい、と。ガニーによると、広報担当者は、私が見学していることに明らかに不満を見せた。しかし私に、強制退去を命じなかった。

正式な承認は、実は今も下りていない。

26 ガニー

クリストファー・ナイトは、オハイオ州シンシナティ郊外にある小さな非法人地域［最小限の小さな自治体］であるキャンプ・デニソンで育った。地名に野営地という意味のキャンプがつくのは、南北戦争時代に大きな駐留地が築かれたかららしい。当時のリンカーンは、ナイトの自宅のすぐ先の家で、寝泊まりしていたとされている。

ナイトが生後一一か月のとき、黒人の母親と白人の父親が離婚した。母親は子どもたちを連れて実家に戻った。ガニーは自分の父親について「アル中のレッドネック［アメリカ南部やアパラチア山脈周辺に住む保守的で貧乏な白人のこと］さ。おやじに教えてもらったことは三つだけ。狩りと射撃と釣りだよ」と話す。七年前に仲たがいし、それ以来、父親とは口をきいていないと言う。

二つの仕事を掛け持ちして働いていた祖父が、幼少のガニーにとっての、理想の父親像となった。「黒人の親戚たちの間で育って、じいさんの勤労精神が骨の髄までしみ込んだ。じいさんはオレのお手本さ」。母親は、実家を出ても暮らしていけるようになったが、六歳のナイトはついて行かないと言い張った。ナイトの祖父も「話し合うまでもないな。この子はここに残るよ」と言った。それで決まった。

ナイトが一一歳のときに母親は再婚し、新しい家族とニュージャージーに移るよう、ナイトを説得しようとした。しかしナイトは、やはり祖父母と暮らしたいと言った。祖父は再び、ナイトの肩を持ち、ナイトは残った。

一四歳になると、ナイトは車の運転と整備を覚え、祖父の了解を得て家のホンダ・シビックを乗り回した。

祖父母とは、二つの約束をした。なにごとにも注意を払うことと、礼儀正しく振舞うこと。これは少年にとってとても良い決まりだった。ナイトは銃が大好きで、ナイトの祖父も、正しく振る舞える少年ならば、意味のある褒美を与えたいと思っていた。

ナイトが所有したのは、よくあるBB弾ピストルのほか、クロスマンの空気銃、二五口径の拳銃「デリンジャー」、テッド・ウィリアムス社製二〇ゲージ散弾銃、マーリン社製二二口径マグナム・ライフル、ウィンチェスター社製の中折式二〇ゲージ散弾銃などだ。しかし一番のお気に入りは、レミントンM七〇〇ライフル（.22-250）だった。一一歳の誕生日プレゼントだったが、欲しかった理由は、大きなスコープがついていたからだった。

「でも、じいさんに買ってもらうまで、何に使うものかまったく分からなかった。ある日おやじに電話で話したら、世界で二番目に速いバーミント・ライフル［害獣駆除用のライフル］だと言われた。それを数年、グラウンドホッグ［ウッドチャックともいわれる最大級のリス科の一種］狩りに使った。最初のころは銃が重すぎたから、フェンスや納屋の角を支えにして、発射を安定させていた」

ナイトは狩りや射撃に銃器を使った。キャンプ・デニソンは林や畑に囲まれていたので、銃を撃ち、テントを張る場所は十分にあった。

知らない人が、当時のナイト少年のテントをのぞいたら、武器だらけで不安になっただろう。しかしナイトは、越えてはいけない一線を分かっていた。銃の扱いには常に気を付け、問題をおこすことはなかった。熱心にアルバイトもした。一八歳の夏、ある工場で短期アルバイトをした。そのとき、彼はバルブ製造過程を効率化する方法を発見した。約三四キロのパーツを、クレーンではなく自らの筋肉で支えることで、遅延時間を減らすという方法だった。みなに褒められると思ったナイトだったが、周りからは非難された。

「おい、若造。ちょっとはスピード落とせよ。オレたちが怠けているみたいじゃないか」

するとナイトはこう答えた。

「違うね。あんたたちがスピードを上げなきゃ」

上司も、ナイトのやり方には反対し、正規の方法で作業するように言った。なにしろ、その方が安全だからだ。しかしナイトは、効率的に作業したいと主張した。ナイトの方法は、バルブにとっても良かった。クレーンで傷つく心配がないからだ。最終的に、上司は、何があっても会社を訴えないと書面にサインさせ、ナイトに任せた。

その後の人生も、似た話が続いた。最適と思えることをおこない、必要であればルールを無視するというものだ。森林警備隊になるために、しばらくカレッジに通ったが、祖母が亡くなった一九九二年に中退しナイトは自称「野生児」になった。恐れ知らずにバイクを乗り回し、パーティにばかり参加し、好き勝手に暮らした。一九九四年一〇月、昔なじみの友人が、「海兵隊に入ろうと思うんだが」と言った。それはパーティの最中の出来事で、二人とも酔っぱらっていた。「あいつが、同じ話をずっと繰り返すんで、こう言ってやった。『もう黙ってくれ。入隊について真剣に考えているんだったら、オレが一緒行ってやる』。友達は本気だったので、オレも約束を守った」。ナイトの友人は四年で軍をやめたが、ガニーは今も海兵隊にいる。迷わず憲兵隊コースを選んだナイトは、八か月後、ラックランドに赴任し、ハンドラー訓練を受けた。以来、犬が彼の生きがいとなった。

入隊後の数年で順調に昇進し、理学士号も取得した（ナイトが言うには、今頃は大尉になれているはずであるが、犬の仕事ができなくなるので、下士官のままでいることを選んだという。それでも、プログラム運営にかかわるペーパーワークが増えたので、できるかぎり抜け出して訓練クラスに参加している）。戦地も二度経験し、トレーナーになり、二〇一〇年三月にユマ試験場の訓練コースの主任となった。

二〇〇六年、イスラエル国防軍との共同演習に参加したナイトは（「空軍だったら『戦地派遣』と呼ぶだろうが、オレは『バカンス』と呼ぶね」）、そこで妻となる女性リナトに出会った。私はナイト夫妻と、ユマで一番オシャレなショッピングセンターで食事をした。リナト・ナイトは、長く揺れる黒髪の、可愛くて面白くて聡明な女性だ。ナイトより一一歳年下である。ナイトは何度も、「オレは世界一ラッキーな男だが、それは嫁のおかげだ」と言う。最初の電話でもそう言っていた。ナイトは、職場のパソコンのスクリーンセーバーに二枚の画像を使っているが、一枚はリナトである。

犬の業界でガニーを良く知る人々は、軍にいるより民間に出た方がはるかに良い稼ぎを得られるはずと話す。ガニー自身、ずっと軍人でいるつもりはなく、数年で退役するかもしれないとも話すが、今はまだ軍にいたいそうだ。

「この仕事が好きでたまらない。毎日が金曜日、という感じだ。もっと稼げたって、金曜日の毎日を、月曜日の毎日に替えるリスクなんて負いたくないね。そこまでの価値はないよ。だからこの仕事を続けている。ほかの職員も同じだ」

「退役する前に、何か変化を起こしたい。派遣される犬たちにみな、しっかり準備できるように時間を与えて、無事に帰ってこられるようにしたい」

ガニーの、もう一枚のスクリーンセーバーは、パトリックL722という軍用犬だ。ガニーは走りながらスリーブをつけた腕を伸ばしている。パトリックは空中を飛びながら、それに噛みついている。犬の表情は真剣そのものだが、最高に楽しい時間を過ごしていることも分かる。このダイナミックな写真の中で、一人と一匹はつながったまま、時間が止まっている。

パトリックとそのハンドラーを訓練したのがガニーだった。テキサスのドッグ・スクールを出たてのパトリックは、ノースカロライナ州のキャンプ・レジューンの第二海兵遠征軍に加わった。

「最初に来たときは、ダメ犬だったけど、すばらしいポテンシャルを備えていた」とガニーは話す。

パトリックのハンドラーもガニーも二〇〇九年五月、一緒にアフガニスタンへ派遣された。そこでもガニーはチームの能力を高め、パトリックがリードなしでも作業できるように訓練した。

パトリックは無事に帰国したが、ハンドラーが複数回にわたる手首の手術を必要としたため、新しいハンドラーにつくこととなった。そして二〇一〇年一二月、再びアフガニスタンへ発った。

二回目の派遣で、パトリックは生きて帰ることはできなかった。しかし同じミッションに参加した兵士は全員、無事に帰国した。リードなしで爆弾を探知できるように育ったパトリックのおかげだった。

27 言葉のリード

パトリックは当初、一・八メートルのリードを使って爆発物を探知する訓練を受けていた。そのとき第二海兵遠征軍のチーフ・ドッグ・トレーナーだったガニー・ナイトは、パトリックがリードなしで爆弾を探知できるよう、懸命に取り組んだ。パトロール兼爆発物探知犬にそういう訓練を施すのは、ガニーにとって初めての経験で、パトリックはその中の一頭だった。ガニーは「突破口を開かなきゃいけなかった」と話す。

パトリックは、典型的なマリノワ犬だった。「全身熱いハートで出来ているようなやつだった。何をするにも全力だったし、とことん愛してくれた」と話すのは、パトリックといつか派遣されることを夢見ていた、ある海兵隊伍長だ。

怖いもの知らずの犬でもあった。ある銃撃戦で、パトリックはハンドラーのチャールズ・コーディ・ハリスカク伍長の近くの、高い草むらの中で伏せていた。ハリスカクたちは、タリバンを相手に戦っていた。しかしパトリックは、怖くて伏せていたわけではない。弾丸が音を立てて飛んでくる中、草をむしって食べていたのだ。

二〇一一年五月九日、パトリックとハリスカクはヘルマンド州南部で活動していた。地雷撤去技師と爆発物処理技師も同行していた。その日爆発した別の小さなIED（このときは小地雷）を調べるためだ。怪我もしない程度の小さなものだったが、安全な道順を確保するためには犬の嗅覚が必要だった。パトリックが先頭を切った。金属探知機を持った地雷撤去技師が続き、そのあとをハリスカクと爆発物処理技師が追った。

ここ数年で、IEDに遭遇したことがある者なら、「一つあれば二つある」ことは知っている。そして「二つあれば四つある」ことも。ナイトによると、ここ数か月（二〇一二年）の状況はさらに悪いらしい。以前は、小さな畑に小さなIEDが一つあるだけだった。今では同じ広さのエリアに一〇個あるのが普通だと言う（ユマ試験場も、この恐ろしい事実を考慮にいれた訓練内容に変更したところだ）。

ハリスカクは、これから通る道に何かありそうな予感がして、チームを止めた。そして、この先はパトリックに行かせると、仲間に言った。パトリックは、ピンと立てた尾を振りながら、道を歩いていき、ケシ畑の一角から嗅ぎ始めた。道を渡り、畑の反対側も嗅いだ。そのまま、激しく嗅ぎまわりながら、二本の道が交差するところまできた。チームが歩こうとしていたところだ。すると、彼らから四・五メートル離れたところで、パトリックは爆発物に反応する動きを見せた。ハリスカクも見たことのない反応だった。いつものパトリックなら、興奮して尾を激しく振り、集中して目標を見つめてから、座るか伏せるかだ。しかしこのときのパトリックは、前半の行動を省いて、いきなり伏せた。

最期の瞬間にパトリックが思ったことは「やった、おもちゃをもらえる!」(「パトリックにとって、おもちゃがすべてだった」)。そうハリスカクは思っている。

直後に起きた爆発で、ハリスカクたちは吹き飛ばされた。何が起きたのか分からなかった。待ち伏せ攻撃に遭ったのだろうかと考え、銃撃戦に備えた。しかし攻撃はなかった。ハリスカクは、パトリックを探したが、どこにもいなかった。彼は、爆発が起きたところから、円を描くように動き、探し始めた。ハンターでもあったハリスカクは、攻撃された動物を探すことには慣れていた。ライフルの四倍スコープを使って探すと、畑の奥で、草が倒れていた。パトリックの体が見えた。正確には、体の残りと思わしきものが見えた。

「そこで、何も考えられなくなった」とハリスカクは話す。ハリスカクも、爆発で頭を強く打っていたが、パトリックに向かって走り出した。それを爆発物処理技師が止めた。これ以上死者を出したくなかったからだ。技師たちが可能なかぎり近づいて、もはや打つべき手がないことを確認した。爆発したIEDと、午前中に見つかった爆発物を処理し終えた頃、夜になっていた。技師たちはパトリックをキャンバス地の布に乗せ、さらに布をかぶせると、偵察基地に連れて帰った。ハリスカクが、パトリックと出会って三年、ハンドラーになってから一年半の出来事だった。

「あのとき、オレは一番の親友を失ってしまった。オレのヒーローだったんだ。彼がいなければ、リードなしでも仕事できるあの能力がなければ、オレは今ごろ大変だったよ」とハリスカクは話す。

ハリスカクは、基地に戻ってきたパトリックを見た。爆発によって、足は四本とも吹き飛ばされていた。残っていたのは頭部と胸部だけだった。「大親友のそんな姿を見るなんて、本当に辛かった」。

★

パトロールと探知の両方をこなすデュアル・パーパス・ドッグは、リードつきで作業するべきとされている。パトロールは、リードなしでおこなうには危険すぎるとされているからだ。ドッグ・スクールでもリードなしの探知訓練はさせないし、拠点基地でもさせないことが多い。ハンドラーの中には独自にリードなしの訓練を施す者もいる。とくに、リードなし探知の長所についてよく知っているケンネル・マスターは、その訓練をしたがる。しかし標準的な訓練とはいいがたい。

ガニー・ナイトはここ数年、デュアル・パーパス・ドッグにリードなしの訓練を受けさせている。このようなトレーニングが周囲の認知を受ける前からだ。「こうすることが正しいと分かっていた。俺は、自分が正しいと思ったとき、ほかの一〇〇〇人に間違いだと思われても、一人きりになっても、自分の道を行く」。

「俺は、言葉もリードになると信じている。君たちが使うリードは一・八メートルの長さのものかもしれない。俺が使うリードは、口から出てくるものだ」

EDDやIDD、TEDDやSSDなどのシングル・パーパス・ドッグ（軍用犬の略称について忘れた読者は10章をご参照ください）は、リードなしで作業する訓練を受ける。しかし、こういった犬は相手を攻撃する必要がなく、犬種もラブラドールなどの猟犬が使用されることが多い。IEDを探して嗅ぎまわる間、人を攻撃する心配がまったくないタイプの犬だ。

現在のアフガニスタンにおいて、デュアル・パーパス・ドッグの仕事の九五％は、爆発物を嗅ぎ出すことで、悪漢を追いかけることはほとんどない。犬をリードから離して爆弾を探させるのは理に適っている。犬がIEDに反応したとき、ハンドラーや隊員が遠く離れているほど、安全が確保できる。もちろん犬の安全は除外されてしまう。「スタンド・オフ（隔離）」と呼ばれる距離だ。人によっては、優しさや情に欠ける行為と言うかもしれない。犬は危険性について知らないわけだから、安全確認のために炭鉱にカナリアを放つ行為と同等に見えるだろう。人間の犠牲になっているとも言える。

しかしリードつきでも、犬は先頭に立って歩くわけだから、最も大きな危険にさらされている点では同じだ。そもそも、軍用犬を使うのは、爆発物を探知して人間の犠牲を少しでも減らすためである。殉職した犬の後ろについていた人が生き延びれば、犬は悼まれ、ヒーローとなる。

誰だって、犬が死ぬのを見たくはない。トンプソン最先任上等上級兵曹は次のように話す。

「最悪だよ。ひどいものだよ。本当に心が痛む。ハンドラーを失うのと同じくらい辛い」

★

海軍憲兵隊員ジョシュア・レイモンド二等兵曹が、レックスP233と初めてリードなしで、道端の爆発物を探知する訓練をおこなっている。ガニーはそれを見ている。犬は、レイモンドから二メートル弱以上離れたくないようだ。レイモンドの拠点基地では、犬をリードから離すことが禁じられていたらしい。

ガニーはレイモンドに話した。

「レックスの代わりはいる。お前の代わりはいない。戦地で、息子や娘を失えば、親は一生悲しみ続ける。戦地で親をなくせば、子どもにとって悲劇だ。でも、ひどい話に聞こえるが、お前の犬が死んだ場合、すごく悲しいことではあっても、お前は戻ってきて、二箱目の犬用ビスケットを取り出して、またやり直すことができるんだ」

レイモンドとレックスは、暑さの中、砂埃の道を歩いていった。影もできない。岩と砂と乾いた砂利だけの土地に、ところどころ勇気を出して生えてきたような茂みがある。レックスはレイモンドの約三メートル以上ほど先を歩いていたが、くるっと振り返ってハンドラーを待った。リードをつける感覚に慣れ過ぎているのだろう。

歩き続けるレイモンドに向かって、ガニーが怒鳴る。

「おもちゃをしまえ！　犬に両手を見せるんだ！」「今おもちゃがなくても、おもちゃをもらえる方法があるってことを、教えなきゃダメだ！ また探しにいかせろ！ よし、そのまま！ よし、そのまま！ 犬に考えさせちゃダメだぞ！ 犬に通じるコマンドを探せ。『フォワード』かもしれないし『ゴー』かもしれない、自分の体を使え、犬になりきれ！ 犬は、遠くまで離れていいことを知らないいんだから！ よし、うまくいった」

「さぁ、下がれ！ 今、犬は分かり始めているぞ。『おっと、ここまで離れていいんだ！』って。犬が八メートルほど進んで、お前が八メートルほど下がれば、一六メートル離れられる！」

二〇分後、犬はリードのない状態に慣れてきたようだ。さっきより自信をもって歩き、道端を嗅ぎまわっている。ハンドラーを待つために止まることが減ってきた。ガニーは話す。「みんな自由になりたい。もちろん、少しの道しるべは欲しい。でも首をひっぱられてうれしいやつなんて、一人もいない」。

レイモンドも、犬の進歩に驚いている。しかしこれは、レイモンドが従うように刷り込まれた海軍の規律とかけ離れているため、「このままで済むだろうか」と不安もありそうだ。

基地［前線基地］の中では、リードは絶対必要なものだと、ガニーは話す。「でも事実、ここではリードなしで犬に作業をさせる権限を与えられているし、アフガニスタンでも基地の外なら同じだ。問題が起きたら、トンプソン最先任上等上級兵曹に電話すればいい。彼は、職務をかけて、お前の後ろ盾になる。オレもだ」。

「あっちで爆弾を見つけることに成功したら、誰も『おい、リードつけろよ』なんて言わない。

上―IASK コースにて、リードを使わない探知訓練を初めて経験するジョシュア・レイモンド海軍二等兵曹とレックス P233。リードがなければ、犬は嗅覚を頼った行動をとりやすくなり、ハンドラーたち隊員も爆発物に近寄らずに済む。こういった技能も人命救助につながる。©MARIA GOODAVAGE

下―IASK コースの責任者である海兵隊一等軍曹のクリストファー・ナイト。IED 探しの方法についてレイモンドに助言している。©MARIA GOODAVAGE

むしろ、マッシュポテトのおかわりをもらえて、お前とレックスのためにエアコンつきの小屋を用意してくれるだろうよ。そう保証する」

★

リードなしの作業訓練をおこなうガニーとスタッフたちは、通常教える「最終反応」「匂いの元を犬がじっと見つめる行動」の一歩先を教えている。IEDを見つけた犬が、褒美をもらえるまでじっと爆弾を見つめていてほしくないからだ。ポラスは話す。「実際には、犬が反応している場所までハンドラーはわざわざ行かない。犬は匂いの元を離れて、ハンドラーのところまで戻って来るようでなくてはならない。その方がみなにとってより安全だ」。

実のところ、これを教えるのは難しくない。犬にとって一〇〇万ドルにも匹敵する褒賞を、匂いに反応したときではなく、ハンドラーの元に戻ってきたときに与えるように、訓練を変えればいいだけだ。アフガニスタンでは、「カム（来い）！」の指示にしっかり従えると、良いことはほかにもある。現地では野良犬や野生化したペット犬が多いため、彼らを追いかけてMIA（戦闘中行方不明）になる軍用犬もいるのだ。突然、交通量の多い道に出ることもある。

「そういう危険にも、犬たちをさらしたくない。ただでさえ危険が多いんだ。ちょっとしたことが大事故につながるのは日常茶飯事さ」とガニーは話す。

28
灼熱の中で

アダム・ミラー空軍二等軍曹はライフルを構え、小さな村を目指し、ジャーマン・シェパード犬のティーナM111と砂埃が舞い上がる道を歩く。右手には、青と金色の装飾の施された白いモスク。そして、学校に通うアフガニスタンの子どもたちへの支援を求める掲示板が見える。左手には、壊れたガスポンプ一台のみの給油所。衝突後、放置されたらしい軽トラック。行く先には、日干し煉瓦の家が数軒建っている。小さい家もあれば、二階建ての家もある。爆弾によって破壊されたのだろうか、壊れたコンクリート壁が山積みにされている。いくつかの屋台が並ぶが、それが小さなマーケットだ。遠くから、断続的に銃声が聞こえる。

ミラーとティーナは歩みを進める。ミラーはフル装備で、ティーナはハーネス［胴輪］を着けている。リードはミラーのベルトのあたりにつながっているので、両手で銃を扱える。時間は午前一一時、気温は四五度だ。

突然、新たに銃声が響く。「犬がやられた！」という隊員の叫び声とともに、ミラーはティーナを抱き上げ、左肩の上に担いだ。ライフルは構えたままだ。彼やティーナにさらに危害を加えられそうなら、撃ち返さなくてはならない。そのまま、歩みを少し早め、避難場所を探した。ティーナの命をつなぎとめる間、身を守れるところなら、どこでもいい。

二分もしないうちに、ミラーは煉瓦とコンクリートでできた小箱のような建物についた。小屋と言った方が近い。ミラー達は、中へと消えた。

こんな予定ではなかった。一体何が起きたのだろう。私は駆け寄って、開いている窓から中をのぞくと、ミラーがティーナの上にかがんで、懸命に応急処置をしていた。本当は、シミュレーションだったはずだ。私たちがいるのは、ケーナイン・ビレッジ［犬の村］だ。その日の朝出発した、ユマ試験場のケンネルからわずか数百メートルのところである。しかし私の目の前には、唐突に、そして恐ろしいことに、ティーナの足が一本転がっていた。爆発で足が胴体から吹き飛んでしまったらしい。その足に静脈注射をしている。どうしてこのようなことになってしまったのか。

そもそも、吹き飛んだ足に静脈注射をするのはおかしくないだろうか。私はティーナの様子を見た。どうやら横になっているようで、下の地面は濡れている。ミラーは、話しかけながら、包帯を巻いている。ティーナの頭しか見えないが、足を吹き飛ばされた表情はしていない。ミラーが動き、ようやく体が見えた。ティーナの足は四本とも無事だ。すると、部屋の隅にもう一人、様子を見守っている人物がいることに気付いた。彼女は、包帯の巻き方について、ミラーに助言をし始めた。その後、地面の転がっている足を用いて、静脈注射の処置法を教え始めた。この足は、ここでは「ジェリー・レッグ」と呼ばれているらしい。

IASK コースについて「これ以上、アフガニスタンへの備えになるものはないよ」と話す、空軍の二等軍曹アダム・ミラー。気温が 46 度だったこの日、ミラーは、軍用犬が撃たれたことを想定した訓練を受けていて、ティーナ M111 を肩に担いで安全な場所へ避難した。©JARED DORT

（ジェリー・レッグとは、本物そっくりに作られた大きく毛の生えた犬の足だ。それを使ってハンドラーたちは、静脈注射をしたり、包帯を巻いたり、骨を固定したり、皮下注射を打ったりの練習をする。全身バージョンの「ジェリー・ドッグ」も訓練に用いられる。脈を打ち、伸縮する肺を持つぬいぐるみで、口移し式の人工呼吸の練習に用いられる。ちなみに挿管で呼吸を確保する練習をおこなえるぬいぐるみもあるらしいが、ここのプログラムでは使われていない）

派遣前訓練で、ここまで本格的なものはない。あとになってミラーが話してくれたが、まるで実戦でティーナの非常事態に遭ったかのような気持ちがしたらしい。小屋についたときには疲労困憊だったが、アドレナリンが噴出しているのも感じたという。

「今までの犬の訓練のなかで一番、良かった。一番、辛くもあった。これ以上、アフガニスタンの備えになるものはないよ」

ミラーの犬の手当てを手伝っているのが、エミリー・ピエラッチ陸軍大尉だ。ピエラッチは、起こりうるあらゆる非常事態への応急処置についてハンドラーたちに教えるほか、問題そのものを未然に防ぐ方法も教える獣医だ。ユマに来る犬たちが派遣可能か、体調が良好か、熱中症にかかっていないか、健康状態を調べるのも、彼女の仕事である。

ピエラッチは、犬とともに育った。母親は、ワシントン州の警察犬ハンドラーだった。ピエラッチ自身は二〇〇九年にワシントン州立大学の獣医学部を卒業し、学資ローンの返済のため応急医学の分野の民間企業に数か月勤めた。

ピエラッチは二〇一〇年に入隊し、天職を見つけたと思った。「民間施設の医療とは違うものが、軍隊にはあった。飛行機から飛び降り、武器を使って射撃し、ランドナビゲーションを学びながら迷子にもなった。獣医をしながら、ほかのことも積極的におこなえた。普通の獣医学の世界ではできなかったことばかり」とピエラッチは話す（軍隊は、学資ローンの返済もしてくれた。このご時世、非常にありがたいことである）。

ユマに来て数か月、ここが自分の居場所だと感じているピエラッチは、ハンドラーや犬と働けるこの仕事が大好きだと話す。

「軍隊で働いていない自分なんて想像できない。私にとって、この仕事は本当に意味があること。犬の面倒をみることに、強い意義がある。犬の健康を保つことは、隊員の安全につながる。人の役に立つ仕事でもあり、同時に謙虚にもなる仕事なの」

ピエラッチは、ここの暑さも好きだと言う。しかしこの暑さは、もっとも優秀な犬をも参らせる。熱中症にかかる軍用犬は、ユマでもラックランドでも、アフガニスタンでも珍しくない。気温が高い日は、ハンドラーは二時間おきか、それ以上頻繁に犬の体温を測る（デジタル体温計を使った直腸検温だ。犬の平熱は三八から三九度である）。しかし暑さへの耐性は、犬によって大きく異なる。犬の体が何度になるかではなく、その犬がどこまで対応できるかを知らなければならない。体温が四〇度で動けなくなる犬もいれば、四二・八度になっても体を冷ませばすぐに立ち直る犬もいる。犬によって実に様々だ。体温も重要だが、同じくらい、あるいはそれ以上に重要なのが、犬の反応の仕方なのである。

ピエラッチが説明するように、熱中症には三段階ある。熱性ストレス、熱疲労、熱射病だ。段階はすぐに進むので、ハンドラーは注意していないと、熱性ストレスや熱疲労を見過ごしがちだ。最も重度なのが熱射病である。症状としては四二・二度以上の直腸温度、仕事へのやる気のなさ、無気力、嘔吐、下痢、息切れ、発作などだ。

熱射病と判定できる段階も犬によって異なる。ほとんどの犬が仕事熱心なため、熱中症の症状を発見することが難しいときがある。軍用犬は、とにかく働きたがりが多い。つまりハンドラーはそれだけ、早期の熱中症らしい症状に対して気を配らないといけないのである。

ユマ試験場の犬たちはみな、前足の一部の毛を剃っている。訓練中に倒れてしまっても、橈側皮静脈を見つけやすいようにするためだ。これは用心のため、緊急時に時間のロスを最小限にするためにピエラッチが行わせていることであり、彼女はハンドラーたちにも、派遣先でも二週に一回は剃ることを勧めている。この血管に静脈注射をすると、犬の体温をすぐ下げ、血圧を保ち、ショックを防ぐことができる。派遣中に、獣医や医者がいない場合、注射はハンドラーがしなければならない。だからこそ、ハンドラーはみな、静脈注射をする練習をする。何かあったとき、自分で対処できるようにするためだ。

ユマ試験場を経た犬は、ほかの軍用犬より、現地で熱中症にかかっても回復が早い、とピエラッチが言う。ハンドラーの知識の深さが、その背景にある。ユマで犬の訓練をおこなう理由の一つは、犬が暑くなってきたときの様子をハンドラーに知らしめるためだという。日陰を好むようになるのか。仕事をやめるのか。どんなに暑くなっても働き続けてしまうのか。自分の犬が暑さに対してどのような反応をするのか、ハンドラーたちがユマで実際に経験することで、アフガニスタンでの熱中症に対応しやすくするのだ。

ユマ試験場では、ドッグ・トレーラーを一〇分ごとに訪れ、エアコンの作動確認をする。これも非常に重要性なことだ（冷気をあてるわけではない。心地よさの手前、あるいは我慢できるギリギリの温度だ）。「こういうところに犬を放置して殺す奴がいたら、俺はどんなことを仕出かすか分からない」。トレーラーをノックして空かどうか確認しながら、ガニーは話し続ける。

二〇一一年九月末、海兵隊所属のIED探知犬が二匹、ユマからノースカロライナ州のフォート・ブラッグへ移動した。ハンドラーは付き添わなかった。移動中、犬たちはフェニックスで一泊したが、搬送業者達は、犬たちの様子を確認せずトレーラーに乗せたままにしていた。翌朝、探知犬エースは死亡しており、マックスも危篤状態だった。

ピエラッチによると、マックスはフェニックスの動物病院に搬送され、三度の輸血を受け、大量の薬を投与された。熱射病によって、マックスは腎不全と内出血をおこしていた。重度の脱水もおこしており、獣医たちは血液濃度の上昇による脳腫脹を懸念した。危篤状態は一〇日も続いたが、マックスは命をとりとめた。

「彼は本当によく戦った。三日前に退院したので、これからラックランドに連れて行かれる予定だけど、おそらく誰かに引き取られるでしょう。今回のような重篤なケースのあとで、海外に派遣されることはないはずなの。これからも膵臓や脳に長期的な障害を抱えるかもしれないし。正直、彼は十分苦しんだと思う」とピエラッチは話す。「二〇〇九年と二〇一〇年に派遣されたマックスは、この国のために立派に尽くした。私に言わせれば、彼には気持ちのいいカウチでくつろぐ権利があるわ」。ピエラッチはマックスに会ったことはないが、マックスが生死をさまよう間、フェニックスの獣医たちと四時間に一度、ときには二時間に一度電話をしていた。「会ったことはないけど、よく知っているような気がする。退役前に会いたいな、実現は難しいかもしれないけれど」。

搬送業者達は、ガニーの前に姿を見せない方が賢明だろう。

29 このプログラムはなくせない

ケンネルに向かう曲がり道にさしかかった先で、さらに多くのパラシュート隊員が降りてきた。ガニーは吐きだすようにつぶやいた。「ハリウッドの撮影のつもりか、やつらは」。「あいつらを飛行機から飛び出させるために、年間何百ドル使っているんだか、まったく。犬一匹でどれだけの命を救っているか、分かっているのか。このコースだけで数えきれないほどの命を助けてきたのに、二〇一二年一〇月を最後に、資金ももらえてないんだ」

ついに、ガニーのパラシュート隊嫌いの原因に行き当たる。

国防総省はIASKコースの運営に年間七五万ドルかけている。そのコースを受けるハンドラーは年間二二五人だ。具体的な数字を出すのは難しいが大成功しているコースだ。にもかかわらず、切り捨てられる運命にある。大規模な軍事費の切り詰めによって、軍のいたるところで悲鳴が上がっている。現在、IASKは「ティア3」とされている。財政が苦しく「余剰」と見なされたことになる。

しかし人命救助できるなら七五万ドルは大金なのか。どうしても人命をお金に置き換えたいのなら、陸軍・海軍・空軍・海兵隊員のいずれも、死亡給付金は一名につき四〇万ドルだ。パトリック一匹が、一日で救う人命は、国防総省がIASKコースに年間支払う金額より多い計算になる。「このユマ・プログラムのおかげで救っている人命の数は、天文学的だよ」と海兵隊のブランドン・ボウ大尉は話す。「物乞いをして予算を得られるなら、そうする」。

このコースは二〇〇五年に、「現下の急務」として設けられたものであるが、定番化されるべき必修コースとして認知されることが本来の目的である。そのためには資金が必要だ。この本が出版される間にも、ボウはいくつかの方法を検討したが、実らなかった。「しかしこのプログラムをなくすわけにはいかない」とボウは言う。「あまりに多くの人が、そして犬が、死ぬことになる」。

ここにいる犬が、運営者の恐怖の匂いを嗅ぎとったとしても、なんら不思議ではない。

30
科学者たちが測る、犬の嗅覚

「兵士のマインドと、訓練を受けた犬の嗅覚。これは最高の組み合わせだ」――こう書くのは、犬の行動学と人間動物関係学を研究するジョン・ブラッドショーだ。犬の嗅覚について教えを請おうとEメールをやり取りしていた中で出てきた言葉だ。そのときの私は、犬の嗅覚を理解するため、『イヌ科の嗅覚の流体力学――鼻内における独特の気流パターンによる嗅覚過敏の説明』をはじめ、数々の難解な科学雑誌と格闘していた。それに比べると、すがすがしいほど分かりやすい。

もし犬の鼻が、人間の鼻と似ていたら、今日の軍隊における犬の役割はまったく異なるものであっただろうし、出番も少なかったはずだ。国防総省は、パトロール目的で犬を使うかもしれないが（現在において「パトロールのみの」軍用犬はいない）、パトロールの技能が必要とされることは、今では滅多にない。一緒にいてうれしい相手ではあるし、パトロールにもう一組、犬の目が付け加わることは、心強いが、私たちが戦っている戦争で最も恐ろしい相手はIEDである。犬が非常に優れた嗅覚の持ち主でなければ、犬が活用される機会も少なかっただろう。

犬を飼っている者なら、犬の世界の感じ方が人間とちょっと違うことを、知っているはずだ。「やあ、初めまして！　君についてもっと知りたいから、股間の匂いを嗅がせてね！」という、犬におなじみの所作で、来客時に恥ずかしい思いをした人も多いだろう。犬に自分のペースで歩かせていると、通常なら一〇分しかかからない道のりが二倍かかるのも（とくにオス犬の場合）、犬の嗅覚が理由の一つだ。私もジェイクを散歩に連れ出すと、思わず聞いてしまう。「その一握りの草を、一分も嗅ぎ続けるなんて、どういうこと？　ただの草だって分からない？」と。

旅行において、犬が素晴らしい仲間になるのは、目まぐるしくなりがちな観光のペースを、落としてくれるからだ。いっしょでなければ、スケジュールをパンパンにして、観光スポットをくまなく訪れてしまう。そして帰宅したころには出発時よりぐったり疲れていることが多い。

しかし犬がいると、トイレのために、あるいは体をのばすために、車を頻繁に止めることになる。犬を連れて名所から名所へ、全力疾走するわけにもいかない。犬の性質ゆえ、どうしてもゆっくりしなければならない。私が講演でいつも使う常套句ではあるが、「犬といると自分も立ち止まって、バラの匂いを嗅ぐ」ようになる。

犬がバラの匂いを嗅ぐ、という行為そのものを深く考えたことがなかったが、アレクサンドラ・ホロウィッツの素晴らしい著書『犬から見た世界――その目で耳で鼻で感じていること』（竹内和世訳、白揚社、二〇一二年）に出会った。

わたしたちの視覚世界のあらゆる細かな部分が、匂いと組み合わさっているとしたら？薔薇の花びらはどれも違った香りがする。虫が訪れて、遠くの花の花粉の足跡をつけていったかもしれない。たった一本の茎が、だれが、そしていつ、それを持ったかという記録を保持しているというのは、いったいどんな感じだろうか。ちぎられた葉にはおびただしい化学物質が残されている。葉に比べて水分をふっくらと含んだ花びらの肉は、さらに違った匂いを乗せている。葉の表面のひだには匂いがある。棘に結んだ露の玉にも。そしてどの細部にも『時間』の情報が含まれる。わたしたちは花びらが枯れて茶色くなるのを見ることができるけれども、犬はこの枯れ行く老化のプロセスを嗅ぐことができる。

私もこのくだりを読み、犬の嗅覚について学ぶようになってから、ジェイクが立ち止まって、近所の家の生垣を、ゆっくり時間をかけて嗅ぐ行動にも、理解を示そうと決めた。犬の鼻のすばらしさには圧倒される。ジェイクが魅惑的な匂いの世界に浸かれるように、散歩の時間も増やした。ジェイクが好きな生垣には、それまでに通っていった犬たちの情報をはじめ、様々なものの匂いがしみ込んでいるのだろう。心理学者であり、犬についての著書を多く執筆しているスタンレー・コレンも次のように言っている。「犬は、世界のすべてを、鼻で嗅ぐ。そしてほかの犬に宛てて、尿を通してメッセージを伝える」。ジェイクが立ち止まる生垣は、人間にとっては大好きなニュースとゴシップ満載のブログに相当する。そこから引き離す権利など、私にない。

ジェイクが別の犬と出会ったとき、互いの下半身を真っ先に嗅ぎ合うことも、前ほど恥ずかしいと思わなくなった。犬たちはそうすることで互いを深く知り合うことができるのだろう。私も相手の飼い主も、たわいもない世間話をし、犬たちが互いのお尻や性器を熱心に嗅ぎまわる様子に、必死に気づかないふりをする。しかし、相手への理解をより深めているのは、人間より犬たちに違いない。具体的にどのような情報を得て、その情報で何をするのかは、これからの科学に期待するところだ。しかし少なくとも、「いい天気ですねぇ」「そうですねぇ。ところで今シーズンのジャイアンツ、どう思いますか？」といった内容よりは深いのではないか。おそらく「いま何歳？　どんな性格？　何を食べたの？　ぼくの友だちになってくれる？　それとも嫌なやつなの？」といった類の情報交換をしているだろう。

「懇意」になるために発せられる嗅覚への信号を、敏感に受容する犬の性質が、第二次世界大戦中の連合国側に有利に働いた一件があった。マジノ線でのことだった。ナチス軍は賢く素早い伝書犬を使っていたので、フランス軍は犬を撃ち殺そうとしたが難しかった。

そこに登場したのが、フランス生まれの魔性の女だった。連合軍の小型伝書犬だったが、ちょうど発情期に入ったメス犬だった。その犬がミッションに出かけ、夕方戻ってくると、後ろからドイツの軍用犬が一〇匹以上もついてきていた。戦地での、小さな勝利だった。必ず「愛」は勝つ。

★

犬の嗅覚が人間より何倍すぐれているか、様々な数字が出されている。しかし状況や前提によって変わりやすいので、これといった数値を出すのは不可能に近い。一〇倍という人もいれば、一〇〇倍、一〇〇〇倍、一〇〇万倍という人もいる。ブラッドショーによると、匂いの種類によっては（つまりすべての匂いではない）、一兆分の一に薄めても犬は嗅ぎ取れるという。それに対して人間の鼻は、一〇億分の一でも嗅ぎ取れれば御の字であり、一〇〇万分の一が妥当な線だ。となると、犬の鼻は人間より一万倍から一〇万倍敏感ということになる。かなり大雑把な倍率の範囲だが、犬によって、そして匂いによって、数値は変わる。この研究は今も続いている。

コレンは、犬のずば抜けた嗅覚について次のように説明している。人間の汗の成分でもある、酪酸を使った比較だ。人間はその匂いに敏感であるため、一グラムの酪酸を一〇階建てビルに相当する空間に蒸発させても、多くの人はそれを嗅ぎ取ることができる。人間の鼻にしては悪くない。しかし、犬は、同じ一グラムの酪酸を、高さ約九〇メートル面積約三五〇キロ平方メートル（フィラデルフィア市に匹敵する）の空間に蒸発させても嗅ぎ取ることができるのだ。

ほんの微量の酪酸でも嗅ぎ取ることができるわけであるから、汗だくの人間がたくさんいる狭い空間に連れてこられた犬はどうなるのか。コレンは、自分の犬の様子で観察したことがあるそうだ。スポーツジムに友人を迎えにいったときのことだ。コレンが、若いキャバリア・キング・チャールズ・スパニエルの、リプリーを抱えてジムに入ると、リプリーはびくっとして鼻を上に向け、固まってしまった。明らかに、嗅覚の容量オーバーである。

私がコレンと話したのは二〇一一年一〇月だったが、その一週間前に彼の片目を失明させかけたのも、リプリーだった。コレンが、お気にいりの椅子で眠り込んでしまったとき、飼い主をなめるのが大好きな当時九か月のリプリーは、ここぞとばかり熱心にコレンの顔を舐め始めた。そのとき、足の爪がコレンの左目にぐさりと突き刺さってしまった。爪は抜けず、リプリーはもう片方の足をコレンに押し付け、爪を抜いた。私がインタビューしたとき、コレンの眼球は破裂しており、虹彩と水晶体はなくなってしまっていた。既に二回の手術を受けていたが、「医者たちもあきらめるまで」さらに二、三回の手術をおこなう予定だ。コレンは冷静に受け止めていた。進行性の眼病にかかっているコレンは、どのみち数年で左目を失明すると言われていたため、犬が事態を早めたにすぎないと話す。がん性のほくろを噛みちぎろうとする犬について読んだことがあるが、リプリーも主人の目の病気のことを察知して、助けようとしたのだろうか。しかしコレンは、当然のことかもしれないが、リプリーを診断医か外科医のようだと褒めるつもりはない。

犬の嗅覚の鋭さは、匂いのレイヤリング「層として感じとる」で、発揮される。つまり周りにたちこめる雑多な匂いの中から、複数の匂いを嗅ぎ取ることができるのだ。人間でいえば、いろいろなものを床にまき散らして、その中から探しているものを見つけるのと同じようなものだ。犬のハンドラーは、このレイヤリングについて様々な例えをするが、みな、食べ物を取り上げる。最も一般的に言われるのが、ピザだ。私たち人間も、ピザの匂いを嗅ぎ取ることはできる。しかし犬はピザ生地と、ソースと、チーズと、スパイスとトッピングを嗅ぎ取る。さらに、それぞれが何でできているかも嗅いで分かる犬もいる。生地の匂いというだけでなく、小麦粉とイーストの匂い。ソースの匂いというだけではなく、トマトやバジル、オレガノの匂いだ。ハンドラーやトレーナーによっては、チョコレートケーキで例えたり、シチューを例に挙げたりするが、要するに犬が非常に敏感な鼻の持ち主であり、人間には想像もつかないレベルで、匂いをかぎわけていることが分かる。

潜水艦ノーフォークに配備されたラーズの探知作業を見学したとき、車で送ってくれたのはジョン・ゲイ海軍少佐だった。道中、ゲイは以前飼っていた犬で、今は亡きボクサーのボリスについて話してくれた。ボリスも若いころは匂いの「レイヤリング」ができたそうだ（ボクサーは本来、嗅覚面で優れている犬種ではない）。ゲイの妻は、マフィンやクッキーなど焼き菓子を作るのが好きで、ボリスはまったく興味を示さなかったが、ボリスが特別に食べていいと許されていたクッキーを作ると、自分の分だと言われる前から、ボリスはオーブンのドアのところで待ち構えたそうだ。ボリスは、蝿の匂いも嗅ぐことができたという。蝿だなんて驚きだ。

犬がもつこの素晴らしい嗅覚器官を、我々人間が様々な方法で活用し、重要な意味を持つ匂いを嗅ぎ取ってもらっている。中には奇跡としか思えないものもある。

犬は、様々ながんの匂いを嗅ぎ取る能力にも優れている。肺がん、卵巣がん、皮膚がん、大腸がんなどだ。特別な訓練を受けた犬なら、発作を起こしやすい人間からその予兆を嗅ぎ取ったり、糖尿病患者の血糖値異常も感じ取ったりできる。トコジラミやシロアリなどの害虫も、匂いで見つけることができる。刑務所の中に持ち込まれた携帯電話を探し出したり、パイプからの石油やガスの漏れを検知したり、病気の蔓延したハチの巣を見つけたり、密輸食品を嗅ぎ出すこともできる。牛がいつ発情期に入ったかも、匂いで分かる。現金も、鼻で嗅ぎ出すことができる。残念ながらうちのジェイクはそのような才能を発揮したことはないけれど。

★

先の章でも登場している、元海兵隊三等軍曹ブランドン・ライバートが、二〇〇五年にノースカロライナ州チェリーポイントに配置されていたときのことである（彼の犬は六〇〇発分の対空砲弾を見つけたモンティだ）。海兵隊のダンスパーティが予定されていたモアヘッド・シティのコンベンション・センターの安全検査をするため、ライバートは軍用犬を伴ったチームを出した。型通りの検査のはずだった。しかし数時間後、会場の一角で、犬が反応しているという連絡がきた。確認が必要とのことで、唯一待機していたハンドラーだったライバートがモンティを連れて駆け付けた。

「最初にいた犬が反応したというエリアに着くと、モンティは部屋を何回かぐるぐる回って、やっと、部屋の中心で立ち止まった。例の犬のハンドラーに聞くと、彼の犬は、オレが立っている後ろの机に反応したという。そこから立ち退いて、現地の自治体に連絡した」

そのあとで分かったことだが、ダックス・アンリミテッド［米国のNPO］のショーがその前の週末におこなわれた際、多くの銃器や火薬の販売もおこなわれた。売り主たちは、テーブルに火薬をおいたため、その残り香に犬たちは反応したのであった。ダンスパーティは予定通りおこなわれた。

31
犬の鼻の中、丸分かりガイド

すべての犬が、一様に優れた嗅覚を持っているわけではない。鼻が長い犬の方が、鼻の短いブルドッグのような犬より、嗅覚がいい。軍用犬にパグ［鼻がぺちゃんこの小型犬］がいないのは、このためである。敵の意表を突くような面白い犬を、と軍が考えないかぎり、採用されることはないだろう。

鼻の長さが嗅覚にどう関係するのか、考えてみよう。鼻の中の、匂いの分析器が多いほど、匂いに敏感ということになる。われわれ人間は鼻に五〇〇万の嗅覚受容体がある。その凹凸を広げると、切手一枚分の大きさになる。鼻の長い犬なら、それより嗅覚受容体がはるかに多い。ダックスフントなら一億二五〇〇万個あり、ジャーマン・シェパードは二億二五〇〇万個もある。ビーグルもシェパードとほぼ同数だが、体はシェパードの半分程度と考えるとすごい数だ。最も多いブラッドハウンドは三億個で、広げるとハンカチ一枚ほどになる（ただし軍隊でブラッドハウンドを見ない。ドック・ヒリアードによると、ブラッドハウンドは素晴らしい嗅覚を持っており追跡に優れているが、トレーニングをする上で必要となる、コングやボールと遊ぶ欲求が弱く、目的物を持ち帰る気もあまりないそうだ。彼らの眠そうな顔も、『軍隊らしくない』と敬遠されるのかもしれない）。

犬がもつ感覚の中で、最も大きな役割を占めるのが嗅覚だ。鼻がそれほど長くない犬種でもそうだ。外気にさらされる部分（「レザー」と言われているところ）から脳まで、犬の嗅覚器官と呼ばれる箇所と比べると、われわれ人間はメーカー修理された方が良さそうだ（しかし犬たちの嗅覚がこなす華々しい活躍は、我々の目がおこなっているので、おあいこと言えるかもしれない）。

簡単に説明してみよう。軍用犬のジャーマン・シェパード（名前はサムとする）に興味の対象となる匂い（硝酸アンモニウムとする）を嗅がせる。サムは匂いを発する物の近くにいるが、どこにあるのか特定はできない。彼はもっと勢いよく匂いをかぐ。鼻に入ってくる空気の流れは乱れ、よく多くの嗅覚組織膜にさらされる。本当に興味を持っていたら、一息でいつもの二〇倍もの物を嗅ぐことができる。鼻から息を出すのと同時に吸うこともできる、スゴ技の持ち主だ。鼻の孔も自在に動かせるので、匂いが来る方向の見当をつける。近づくにつれ、サムはさらに深く空気を吸い、匂いを発するものの上を漂う空気を積極的に取り込む。ここまで来れば、右と左の鼻孔からくる匂いの強弱にも気づくかもしれない。こうしてサムは、匂いの元の近くまで来ていることだけでなく、具体的な場所まで特定ができる。

サムが鼻で嗅ぐとき、匂い分子は潤った鼻の内側につく（この潤いは、実は鼻汁であり、分子を嗅覚器官の間に運ぶ）。匂い分子は鼻汁に混ざり、匂いを嗅ぐ行為によって鼻の奥へと通り、二枚の骨から成る鼻甲介へと送られる。先に話題にした、何百万もの匂いを検知する細胞が宿るのは、この器官だ。

この先、サムの嗅覚器にあるものは、人間にはない。鋤鼻(じょび)器という特別な空洞〔通称「ヤコブソン器官」〕だ。犬の口蓋の真上、上の門歯のすぐ後ろに広がる空洞である。この空洞には、鼻にも口にも通じる孔があり、そこも匂いの分子が通ることになる。多くの哺乳類と爬虫類は、鋤鼻器官をもつ。これは主に、フェロモンを嗅ぎとるときに使う器官だが(任務中のサムにはむしろ邪魔になるだろうが)、研究者によると、我々が知り得ない役割も担っている可能性があるらしい。

犬や人間など、ほとんどの脊椎動物の脳には、匂いの分析をおこなう嗅球という組織が二つある。犬の脳は人間よりはるかに小さいにも関わらず、犬の嗅球は人間の約四倍の大きさだ。加えて、二億二五〇〇万個もの嗅覚受容体を持つことで、サムは硝酸アンモニウムを素早く見つけ出せる。嗅ぎ出すと、座ってじっと見つめる。するとハンドラーに呼び戻されて、思い切り褒められ、念願のコングをもらえるわけだ。

良い鼻があれば、朝飯前かもしれない。

しかし、嗅ぎまわって、あとは本能任せ、と思うなかれ。匂いの元にたどりつくには、かなり歩き回らなければならない。ブラッドショーによると、犬は自分が匂いの風下にいるか確かめるため、風を横に受けながら走る。しかし風というのは、予測もつかない方向に匂いを広げるので、それだけでは確認できない。ずっと匂いが続く場合、匂いの元は近くにあるので風向きだけでは十分でなく、目を使うことが発見への一番の手がかりとなる。匂いがしたり消えたりする場合、遠くから匂ってきている可能性が高いので、犬は風上に向かって走り始める。匂いを見失ったら、犬は再び、風を横に受けながら走る作戦に戻り、より正確に匂いの「すじ」に立とうとする。こうして、風上に向かったり、風を横に受けながら走ったりを繰り返し、犬は匂いの元へ、少なくとも近いところまで、なんとかたどり着くわけである。

しかし匂いの元も、移動していた場合は、どうなのか。

32
私たちがまき散らす垢

砂漠に広がる静寂の中、海兵隊のUH－1ヘリコプター（通称「ヒューイ」）がバタバタと音をたてるのが、何キロも先から聞こえてくる。ヒューイは近づくと急転換し、遊園地の乗り物のように上空をくるくると回って、降り立った。着陸の瞬間、砂や小石がまきあげられ、雲のように勢いよくガニーと私に吹きつけられた。カメラのレンズは汚れ、私たちも数秒の間、目を開けていられなかった。

あたりは砂ぼこりでぼやけていた。ローターもまだ止まっていなかったが、ヘリコプターから一匹の犬がハンドラーと飛び出し、次のドッグ・チームも飛び出した。砂と風から身を守るように、少し前のめりで走っていく。遠くへ走ると、立ち止まり、犬は興味津々に嗅ぎまわったが、その瞬間またヘリコプターが飛び立ったので、再び何も見えなくなった。

ガニーと私がドッグ・チームに追いついたとき、彼らは休憩していた。ユマ試験場で、いろいろな距離から「悪役」を追跡して掴まえる練習を終えて戻ってきたところだった。犬たちはコンバット・トラッキング・ドッグ［戦闘時追跡犬］だ。爆発物探知犬は、爆発物を見つけるのが仕事だが、この子たちは爆弾を埋めた人間を追うのが仕事だ（非戦闘時は、迷子になった人を探しだす）。この日の追跡者たちは、実際の戦闘任務に備えて訓練していた。素早くヘリコプターから降機しなければいけないことも多いらしい。派遣に備えて慣れておかねばならない。

この日、訓練に参加した一匹の犬は、ヘリコプターを怖がり、絶対に乗るまいと必死に抵抗したため、抱きかかえられて搭乗した。飛んでいる最中もハンドラーの股間部に頭を隠していたらしく、そのためにハンドラーはライフルを降ろさざるを得なかった（しかしヘリコプターを降りるや、素晴らしい追跡の手腕を発揮したらしい）。ほかの犬もほとんどハンドラーのそばを離れることなく、うずくまった状態でシートベルトをしめて飛んだ。一匹だけ、ベテランの犬は、ヘリコプターの端から外を眺めていた。その間、ハンドラーにしっかりと押さえられていた。

コンバット・トラッキング・ドッグは、遠方にいる人間を、匂いで追って探し出すのが仕事だ。ハンドラーが手がかりになる場所（IEDの近くや、敵が最後に立ったであろうとされる場所など）を指し示すと、犬はその匂いを覚え、追跡する。何キロも、何時間も、ときには何日もかかる仕事だ。一九七七年にテネシー州刑務所から脱走したジェームズ・アール・レイを思い出してほしい。彼は、サンディーとリトル・レッドという姉妹のブラッドハウンドに追われることになったのだが、追跡は脱走から何日も経ったあとで始まった。それでも、たった数時間でレイは捕まった。レイはわずか五キロ弱しか離れていないところに潜伏していた（このハウンド姉妹なら、軍の追跡仕事もできたかもしれない）。

トラッキング・ドッグは、ずっと頭を地面に近づけ、匂いを追っていく。そこにあるのは、人間の匂いと、つぶされた草木の匂い、巻き上げられた砂や泥の匂いだ。人間が通ったあと、例えば踏みつぶされた草（人間にたとえたなら草は「流血」していることになる）は、独特の匂いを放つ。しかし追跡対象の人間ほど、独特な匂いがするものはない。

しっかりシャワーを浴びて、デオドラントをつけたら、匂いの違いなんて分からない、と思う人もいるかもしれない。しかし人の匂いは、指紋と同じくらい、それぞれ独特だ。ホロウィッツいわく「犬にとって、わたしたちは、ずばり匂いそのものである」。

トラッキング・ドッグをいつか巻いてやろう、と思う人がいたら、ホロウィッツの書いた次のくだりを読んでおいてほしい。

人間は、臭い。人間の脇は、どの動物が出す匂いよりも強烈だ。吐く息も、嗅ぐとめまいがするほど様々な匂いが混ざっている。性器からも悪臭がする。人間の体を包む器官、つまり皮膚は、それ自体が汗腺に覆われ、水分や油分を絶えず分泌しながら、その人のブランド臭ともいうべき独特の匂いを放つ。わたしたちが何かに触れれば、必ずそこに私たちの一部を残すことになる。小さな皮膚片だ。その上で、バクテリアたちはせっせと食べては排泄をする。それこそが、わたしたちの匂い。自分を自分たらしめる匂いなのだ。（『犬から見た世界』前出、訳は櫻井）

人間が皮膚細胞をぼろぼろ落としていく様子を、コレンは、スヌーピーに登場するピッグペンに例える。ピッグペンは、目に見えるほどの埃を常にまとっている。が、実は人間はみな同じ状態らしい。埃ではなく、皮膚の細胞というだけだ。フレーク状になった皮膚細胞は、垢とも呼ばれる。私たちの体からは、毎分五〇〇〇万個もの皮膚細胞が剥がれていっているらしい。なんと大量の垢だろう。「微小な雪の結晶のように、降っているんだよ」とコレン。そんな雪景色、いや、垢景色を見なくて済む私たちは幸せだ。しかし、皮膚についているバクテリアも含め、私たちから落ちる皮膚片あるいは「垢」は生物の情報に満ち、犬の鼻にははっきり「見える」ものとなる。

犬が追跡を始める場所の匂いは、当然ながら最も弱い。最も時間が経っているからだ。しかし正しい方向に向かえば、匂いはだんだん強くなる。痕跡がはっきりしてくるかどうかが、犬にとっての判断ポイントだ。「犬たちは、最も遠い過去からスタートして、時間をさかのぼり、成功すれば、相手の現在まで追いつく、というわけだ」。と海兵隊伍長ウェスリー・ガーウィンは話す。「犬にとってのタイムトラベル、といったところかな」。

乾燥して暑かったり、紫外線が多かったりすると、痕跡はなくなりやすい。太陽があまり照らず、湿気が多い方が、匂いは残りやすい。追跡される者が、川に入って消そうとしても、匂いは残るものだ。犬があまり離れていなければ、水で匂いを消し去ることはできない。むしろ、水に入った人間の匂いが、風に乗って湿った川岸に付着し、そのまま長く定着することの方が多い（しかし川が比較的浅く、流れが非常に速い場合、匂いが消えるのも速くなる)。

軍隊内におけるコンバット・トラッキング・ドッグの数は多くない。数十匹とされているが、セキュリティー上の理由から、正確な数は分からない。この犬のハンドラーになる場合、軍用犬ハンドラーとして一年以上の経験が必要で、さらにコンバット・トラッキング・ドッグの訓練コースを六週間受ける(ラックランド空軍基地で四週間、ユマ試験場で二週間だ)。犬たちは、最初からコンバット・トラッキング・ドッグになるべく訓練を受ける。一歳か二歳のときに、匂いの元をたどる練習を始めるが、最初は三〇センチか六〇センチだ。そこから徐々に距離を延ばしていく。数年前にこの犬の訓練プログラムができてから残されている記録で、追跡することに成功した最も長時間の記録は、イラクのアンバール県におけるもので、七二時間前の匂いだった。ガーウィンは、五日前の古い匂いでも追跡に成功した話を聞いたことがあるそうだが、公式の記録ではない。

33 犬の感覚

コンバット・トラッキング・ドッグを含め、軍用犬は素晴らしい嗅覚だけでなく様々な感覚を用いて仕事をする。いかに驚異的とはいえ、鼻だけに頼るわけにはいかない。トラッキング・ドッグであれば、目標に近づくにつれ、目と耳を使って場所を特定する。パトロール犬も、犯人のかすかな動きや音をとらえるために、目と耳を多用する。

鼻と同じように、耳も、犬の方が人間よりはるかに敏感であり、とくに高周波の音を聞き取ることができる。「犬が言葉を話せるなら、人間はみんな『高音域難聴』だと言うだろう」とブラッドショーは『犬はあなたをこう見ている』（西田美緒子訳、河出書房新社、二〇一二年）の中で書いている。第二次世界大戦時の太平洋諸島で活躍した軍用犬たちは、敵が退却時に仕掛けた細いワイヤーつきの罠を発見することがあったが、それは空気がワイヤーに触れたとき高周波の風鳴りを出すからであった。音による探知ができるように訓練される犬も出てきた（その音は、人間がどんなに近づいてもまったく聞こえない）。

犬たちは、人間より、四倍も遠くの音を聞き取ることができると言われている。しかも、耳を動かせるので、音に集中して場所を特定できる。興味の対象に耳を傾ける犬を見たことがある者なら分かるだろうが、まるで耳が、独自の思考を持っているかのようだ。それも不思議ではない。音に反応したとき、耳を横縦に動かす筋肉は一八種類もあるのだ。その姿は、とても可愛い。ジェイクも、食べ物をねだったり、裏庭に座って猫が来るのを待ったりするとき、上手に耳を動かす。

目に関していえば、犬は人間より視力は悪いが、夜中でも目が利き、目がついている位置も違うため人間より視野が広い。しかし世界が実際にどう見えるかは、犬の顔だちによって異なる。軍用犬のように鼻が長い犬は、光受容体が多い傾向にあり、それが視界の水平方向に存在している。「視覚のスジ」とも言われるが、より全体を見渡すことができる目で、視野が二四〇度もあると言われている（対して、私たち人間は前面に向かって一八〇度しかない）。このような視野を持つ犬は、後方で何かが起きたときも、それを認識できる。しかし、目から一〇インチ［二五・四センチ］あるいは一五インチ［三八・一センチ］以内のものに集中するのは、無理がある。そういう目のつくりではないのだ。鼻が短い犬の方が、近いものを見るのが得意だ。彼らの光受容体は、円形にまとまっており、視野は狭くなるが、近いものに焦点を当てやすくなる。

犬種によって見え方が異なるから、レトリバーはレトリーブする［遠くのものを取って戻ってくる］のだろうし、目が大きく鼻が短い犬が多い愛玩犬は、飼い主のひざに座って、じっと見つめてくるのかもしれない。

犬の目や、耳、そして鼻の研究は、続けられている。さらには、感覚という枠を超えて、犬の心理についても多くの調査がされている。犬が何を考え、どう感じ、問題があったときにどう解決するのか。犬の、犬らしい行動はどこからくるのか。犬の認知科学は比較的新しい分野であり、熱意あふれる研究者たちが日々、犬の思考の糸をたどろうと努めている。私たちがずっと不思議に思ってきたこと、しかし追究しえなかった分野だ。

34
犬の思考を探る

デューク大学イヌ科認知科学センターの心臓部は、ドッグ・ラボだ。犬をモルモットのように扱うほかの多くの実験室と違い、ここでは犬を痛めつけるようなことはしない。ケージすらない。むしろダンス・スタジオのように見えるラボだ。白い床には、赤や緑、黄色、青など色とりどりのテープが貼られている。犬たちは、飼い主とともにやってきて、飼い主とともに過ごし、飼い主とともに退室する。途中で、たくさんのおやつをもらえ、注目してもらえる。センター長のブライアン・ヘアが言うところの「犬を学ぶにうってつけのところ」だ。

午前も終わりに近づいたころ、進化人類学と認知神経科学を研究するヘア助教授に会うと、コストコのケーキを食べ、コーヒーを飲んだばかりで、少々飛ばし気味にしゃべってしまうかもしれないと言う。「僕は完全にADD［注意欠陥障害］でね。いろんなことに興奮しやすいんだ」と、ヘアは青い目を輝かせて話す。そこから一時間、ヘアはオフィスの中を勢いよく歩き回りながら、ドッグ・ラボについてノンストップでしゃべり続けた。彼の熱意、雰囲気、態度は、映画『ジャングル・ジョージ』の主人公役ブレンダン・フレイザーを思わせる。違う点は、ヘアが高い学位を持ち、学会から多大な尊敬を集め、全米で屈指の大学内で大きな研究所を設立し運営し、重い責任を負っている点だ。

ここ数年で、犬の認知科学研究所がいくつかの大学に開設されているが、まだ数は少ない。バーナード・カレッジのアレクサンドラ・ホロウィッツの研究所もその一つだが、一九九〇年代末まで、犬の認知科学に注意が払われることなどなかった。認知科学の対象となる主な動物は、霊長類だった。しかし今は「一番エキサイティングなのが犬の研究だよ、犬の思考の秘密を解き明かすんだからね。誰もかれも、すごく興奮しているんだ。心理学者も人類学者も、アメリカにいる普通の犬好きも、みんながね」。ヘアは、ふさふさのくせ毛をかきあげながら、話した。

私が訪れたとき、ヘアはちょうど、国防総省に助成金を申請したところだった。一度も軍用犬を扱ったことはないヘアだが、このセンターの研究によって犬についての理解が深まり、その結果、軍用犬プログラムに役立つと考えている。彼は、海外派遣などストレス下に置かれた犬向けの認知試験を作ることも発案していた。現地に行ったとき、ハンドラーが自分の犬の行動から推測するのではなく、ストレス度をチェックできる客観的なシステムを作りたいとも話した。コルチゾール値［副腎皮質ホルモンの一つの糖質コルチコイドの一種］と熱画像装置を使って測った体温をあわせて、診断する方法も含まれているという。

ヘアはさらに、その研究結果を現在取り組んでいる「右脳と左脳の違い」の研究と合わせ、探査犬の精度を上げることに役立てたいという。「犬っていうのは、右に寄って進んでいく傾向があるんだ。探しているものの右側に立つことが多いんだよ」とヘアは話す。「爆発物を探しに行かせるんだったら、自分の犬が右に寄りがちか、左に寄りがちか、知っておかなきゃ。大事な情報だと思わないか？」

ヘアの考案について、国防総省がなんと返事するか分からないが、今回、助成金を得られなくても、ヘアは何度も申請するつもりだ。「お金を節約したい。犬も助けたい。人の命も救いたい。だから申請を続けるよ」と言う。

ヘアは研究生たちと、同時に複数の研究をおこなっている。だから、ラボの床に色とりどりのテープが貼ってあるのだ。研究によっては、人と犬が、決まった位置を保たなくてはならない。誤差をなくすため、実験に合わせて異なる色のテープを床に貼っている。緑色のテープは、行動予想の研究のため、黄色いテープは抑制機能の研究のため、ぼろぼろの青いテープは、今は完了したが注意力の研究用のものだ。赤いテープは、犬がどのように人を信用していくかという研究のために使われる。

この赤いテープが貼られているところで、私はアリスとデュアンのパットナム夫妻に会った。彼らはヴァージニアとノースカロライナの州境にあるウォーレン郡から二時間もかけて運転して来ていた（研究所のスタッフの話では、世界中の犬愛好家から、研究の役に立ちたいと問い合わせがくるそうだ。しかし研究所では、基本的に、三時間以内で来られる参加者だけを受け付けている。犬が長距離移動で疲れるのを防ぐためだ）。

パットナム夫妻が連れてきた犬の名は、トライ［Tri、三倍という意味］だ。ロットワイラーと、ジャーマン・シェパードと、ほかに何かの血が混ざった目をしている。夫妻は、以前飼っていた二頭の犬の生まれ変わりが、トライであると信じている。名前もそこから来ている（それまで飼っていた二頭と、トライ自身を合わせた三頭で、スリーになるが、トライと呼ぶ方が恰好いい、と夫妻は思っている）。

パットナム夫妻は、トライのことで頭がいっぱいだ。トライは「困ってしまうくらい賢い」らしい。誰も見ていないときに、ピーナツバターの瓶も、ワセリンの瓶も、開けてしまう。そして中身を食べてしまうそうだ。

ワセリンどろぼうのトライが、この日おこなうのは、信用度テストだった。ここに来るのは二回目である。センターが言う「ドッグ・ペアレント」［飼い主］たちは、犬の研究に役立ちたいと思っている。また夫婦が州のはずれの田舎の、約四ヘクタールの家から外出する、きっかけにもなる。

研究者のジンジー・タン（「ヒッポー［カバさん］」とも呼ばれている）は、次のような実験を考え出した。犬が、飼い主と、とてもフレンドリーな初対面と、まったく知らない人との間で、どのように態度を変えるかというものだ。実はタンの目的は、人間がどのようにしてフレンドリーに振る舞う方法を身につけ、まわりの信用を勝ち得るかを探ることにあり、その最良の方法が、犬を用いることなのだそうだ。このセンターで調査されていることの多くは、結果的に、犬だけでなく人間についての理解を深めるものが多い。

私も観察を始めた（ただし、実験の邪魔をしないようにカメラを通してである）。トライは初対面の人間（センター職員）にとても可愛がられている。床に転がり二〇分ほど遊んでいる。パットナム夫妻は、大興奮だ。普段、トライは初対面の人とそのように遊ばないと話す。

トライと遊ぶセッションが終わると、同じスタッフが、新しいスタッフを連れて入室する。えさの入ったボウルが二つ用意されており、一つのボウルの近くに、トライと遊んだスタッフが座る。もう一つのボウルは、誰も座っていない椅子の近くに置かれている。次に、新しいスタッフが、交代して同じことをする。犬が、その人物を信用していなければ、より離れた方のボウルから食べるだろうと、そういう実験だ。この日、「知らない人」の役をするのは、普段、犬の受け付けをしているインターン生のメアリーだ。でもトライは、メアリーのそばにも、臆せずに近づいていく。まったく会ったことがないメアリーにも、心を許している様子だ。同じ研究の、別の実験では、新しく友達になったスタッフと、完全に初対面のスタッフが、交互にえさの入ったボウルを指さす、というものがある。犬が、どちらを信用するかを探るためらしい。

このような研究は軍用犬への理解と、ハンドラーへの信頼の築き方の理解にも、役立つかもしれない。しかし、何年も先のことに違いない。今ここで言えることは、実験五四号のトライが、すべて試験を終えたこと、それが飼い主たちの想像を超えるレベルで、初対面の人を信用したことである。夫妻は、トライの頭を誇らしげに撫で、「よくやった！」と褒めた。

アリス・パットナムは何度も「ママにキスして！」と語りかける。しかし、トライはしない。「あまりキスが好きじゃないのよ」とアリスは説明する。アリスは、飼い犬のことがよく分かっているらしい。

トライ自身は、どれほどアリスを理解しているのだろうか。おそらく、アリスが想像する以上に、理解しているのかもしれない。

35 犬は人の感情をどこまで感じ取るのか？

アレクサンドラ・ホロウィッツは、犬を人類学者に例える。犬は、人間を観察し、研究する。私たちに変化が起きたとき、体から放たれる化学物質を嗅ぎ取り察知する。やがて、私たちの行動を予測するようになる。「人間のパートナーが気づかないことまで、犬は深く理解している」とホロウィッツは書く。

似た言葉は、軍用犬ハンドラーたちから幾度も聞いた。海外に派遣され、何か月も犬と二四時間過ごすと、とくにそう思うようだ。結婚相手よりも、親よりも、誰よりも、犬が一番自分を理解していると。

例えば、私がインタビューしたハンドラーはほぼ一人残らず、自分が落ち込んでいると犬に伝わる、と言った。一般の飼い主も、同じことを言うだろう。しかし、なぜ分かるのだろう。犬は人の言葉を話せない。未払いの請求書のことも、上司とのいざこざも、身内の揉めごとも理解できるわけがない。なぜ、悩んでいると察することができるのだろう。

これは、ハンドラーやドッグ・インストラクターが言う、人間の気持ちが「リードを伝う」現象と同じだ。犬は人間の感情や行動を観察し、それに反応する。ハンドラーが緊張すれば、犬も不安になる。逆に、大きな爆発音がしても、もともと爆音を恐れるタイプは別として、堂々としているハンドラーと一緒なら犬も怖がらない。「僕のハンドラーは大丈夫そうだし、彼がリーダーなんだから、きっと大丈夫に違いない」と、本能のように考えるのだろう。

犬は、人間の仕草にとても敏感なため、ほんの小さな動きでも、緊張を示す行動を見逃さない。わずかに足取りが変わったり、背中が少し丸まったりしただけで、いつもと違うことを察する。人間は、困ったときには声の周波数がわずかに上がる。このように、ほかの人間では気づかないことにも、犬は反応する。

強い感情を押し込め、いつも通りに振る舞おうとしても、犬には通用しないことが多い。恐怖も心配も、哀しみさえも、犬は匂いとして嗅ぎ取っている可能性がある、とホロウィッツは書く。窮地に立たされたときに出るアドレナリンというホルモンは、私たちにとっては匂いのしないものであるが、犬はどうやら嗅ぎ取れるらしい。さらに、恐怖や緊張によって、心拍数も血流量も上がるので、そのような化学物質が、皮膚の外に出てきやすくなるだろう。

犬にとってはヒントが三つ同時に与えられるようなものだ。視覚と聴覚と嗅覚に訴えてくる情報があるから、犬は、人間の感情をこれほど敏感に察知できるのだ。

犬が人間に感情移入でき、大切な仲間として私たちを慰めようとしている、と考えるとうれしくなる。そのような行動をとれるから、犬が人類最良の友と言われるのだろう。しかし犬の行動について研究する者の多くは、犬が人を慰め助けようとする行為は、群れの秩序を取り戻すためだと話す。

ジョン・ブラッドショーも、私に次のように話した。

「犬にとって、人は何よりも重要な存在だ。次に起きることを予測し、安定した環境を用意してくれるであろうと頼りにしている。だから、その人の様子や行動がいつもと違うと、通常の状態を取り戻すために何でもする」

「犬はまず、これまでの経験から、うまくいったパターンを思い出し、その通りに行動してみる。誰かを慰めるというより、自分を慰める行動なのだが、どちらもほぼ同じ結果をもたらす。犬は、玩具を持ち出し、相手の注意を引こうとする。その相手とは通常、様子がいつもと違う人のことだ（少なくとも犬にとっては）。しかし、犬によるその行為が『かわいい』と感じられるものであれば、人の方も落ち着く。人が落ち着けば、犬にとって褒美になる。だからこそ、再び同じ事態に遭遇したとき、犬は同じ戦略に出る。なぜ、自分がおこした行動によって、望む結果が得られたかは分からないが、結果が得られることは理解する」

理屈は通っている。ほかの犬の専門家も、同じことを言う。でもジェイクが、ことのほか落ち込んだ私にとる行動には、別の説明をつけたい。彼は、いつも以上に私に寄り添い、執筆デスクにも近づこうとする。普段なら、私がデスクに座ると、一人にしてくれる。ここは私だけの縄張りであり、気が散りそうな物はできるだけ置かないようにしている。とくに、締め切りが近いときは、仕事に集中できる場所だ。しかし、辛いことがあったときは必ず、ジェイクは中に入っていいかと部屋のドアをひっかく。大好きな彼の顔を見たい私は、中に入っていいと言い、しばらく撫でてあげる。それだけで、私の気持ちは、だいぶ落ち着く。そのあと、ジェイクはデスクの下で丸くなり、私の足元で寝てしまう。

科学的ではないかもしれないが、ジェイクには相手に共感する心があると思えるし、そう思うと、心があたたかくなる。ジェイクは、私の好き嫌いにも反応しているような気がする。私が大好きな相手ならジェイクも好むが、時々公園で出会う一人の失礼な男性に対しては、とても気が短い。彼は、私たちとすれ違うたび「糞を片付けろ」と唸るように言う。どうやら、犬を連れた飼い主には必ず言うらしい。私たちだけに向けられた言葉ではないと分かっているが、苛立ってしまう。

最初の頃は私も、いかに精力的に糞を片付けているか説明していたが、今は、見かけるととりあえず避けるようにしている。しかし、時々ばったり出会ってしまう。するとジェイクは、散歩中に九九・九%やらないことをする。吠えるのだ。腹の底から大きな声で二、三回吠え、そこからじっと相手を睨む。まるで「ちょっかいだすな！　さもないと……！」と言っているかのようだ。私も、やっきになってジェイクを止めようとはしない。ジェイクもすぐ私を追ってくるのは分かっている。私はこっそり「グッド・ボーイ（いい子ね）！」と褒めてあげる。ジェイクをリードにつないではいないが、私の気持ちは、まさに「リードを伝った」に違いない。

もちろん、ガニー・ナイトなら、研究書などなくても、犬が感じ取る世界を良く知っている。

「あんな科学のあれこれなんて必要ないね。一番の研究室は、ここ。こうして犬と一緒に外で過ごすこと。とくに派遣先がいい。そういうところで、犬とハンドラーが本当に互いを知ることができるのさ」

IV

犬と兵士という、パートナー

36 角を曲がって、川にでる

二〇一一年二月。アフガニスタンのヘルマンド州ゲレシュク谷で、二〇人あまりの海兵隊が基地に戻ろうとしていた。朝、小さな村を巡視した帰りだった。多国籍軍が一〇年間も入ったことがない地帯だったが、これまで問題が起きたことはなかった。ヘルマンド川沿いの植物が生い茂る「緑のゾーン」から歩いてしばらくして、泥だらけの「茶色のゾーン」まで、隊は来た。悲しくなるほど冷たい雨が降る日で、隊員は基地に戻れることを喜んでいた。

突然、三人のタリバン兵が約五〇メートル後方からAK-47で銃撃を始めた。後方にいた海兵隊員はすぐに向き直って、M4や240や249で撃ち返した。ほかの隊員は、その横に回り込んだ。敵の発砲を止めつつ取り囲む作戦だが、このときは敵兵に逃げられた。

三人のタリバン兵は、村はずれの分厚い土塀のうしろに逃げ込み、再び海兵隊に発砲し始めた。海兵隊員たちは丈の短いケシの実の畑という攻撃されやすい場所にいた。数人は、発砲する敵兵に向かっていった。自分たちの銃器を使って、連続して攻撃を繰り返した。完璧になるまで何度も練習した攻撃法だ。周りからみれば、恐れも知らぬ海兵隊だが、ドッグ・ハンドラーのマーク・

ヴィアリグ三等軍曹は、「とにかく、顔を撃たれないように。顔を撃たれないように」と自分に言い聞かせながら、土塀と、火を噴く銃口に向かっていった。

この時点で、銃撃戦では劣勢と気づいたのか、タリバン兵は一マイル（一・六キロ）の半分ほどしかない村に向かって後退した。村人に混ざり、なんとか痕跡を消そうとした。

しかしやる気に火のついたコンバット・トラッキング・ドッグがいた場合、痕跡を消すことは難しい。ヴィアリグと、相棒のマリノワ犬レックスL479は、軍用犬チームの中でも際立つ存在だ。彼らの任務は二重にある。IEDを埋めた人を見つけること。そして見慣れた風景に溶け込んでしまうタリバン兵を見つけ出すことだ。

雨季のアフガニスタンで、ゲレシュク谷上流をパトロールするマーク・ヴィアリグ海兵隊三等軍曹とレックスL479。「犬がいなければ、戦争は地獄だっただろう。」派遣経験のあるハンドラーからよく聞かれる言葉だ。©MARK VIERIG

ヴィアリグは二〇〇二年からドッグ・ハンドラーを務め、コンバット・トラッキング・ドッグのハンドラーとして二年活躍していた。相棒を務める犬は六歳で、この業界で一位、二位を争う嗅覚の持ち主だった。

逃走兵を追って、ヴィアリグたちは出発した。三人の誰でもいい。ヴィアリグは、兵士の一人が確実にいたところまで行き、犬に匂いを嗅がせた。「ズーケン！（オランダ語で「探せ！」の意味。レックスはオランダ出身だ）」と言うと、レックスは男の匂いをすぐに覚え、見えない跡を追って、村に入っていった。

レックスは、ぐいぐいリードを引っ張る。鼻を地面につけ、尾を立てている。自信がある証拠だ。ヴィアリグは二～三メートル後ろに続く。完全装備だ。犬が鼻を地面につけていて「機関車のように引っ張る」かぎり、ヴィアリグは、尾行できている確信がある。こういう状況下、つまり何かから逃走する者は、ＩＥＤをただ埋めて立ち去ったときとは違う、「独特のフェロモン」など、犬にとってとても興味深い匂いを強く残していくのだ。

アフガニスタンにおける追跡任務は非常に危険だ。ＩＥＤが多い地帯なので、爆発物探知機か犬を伴わない外出を、兵士は避ける。しかし、追跡となるとどちらも使っていられない。誰も踏み込んだことがない土地に出向いていくのが通常である。しかもジョギングのようなペースだ。速く走るときもある。犬が匂いの痕跡を見失っているのにハンドラーがそれに気づかないとき、そのコンビは任務を失敗するだけでなく、命を落とすことにもなりかねない。後ろについて歩くほかの隊員の命も巻き添えにして、だ。

しかし犬が追跡に成功しているときは、安全だ。なにしろ、追跡されている者は、既にそこを走っていることになるので、起爆するようなものは何もないことになる（少なくとも、理論上はそうだ）。さらにタリバン兵はＩＥＤが埋められた場所を知っていることが多く、そういった箇所を避ける（ＩＥＤの埋蔵情報は、タリバン兵の行動範囲を観測することによって予測できることが多い）。

レックスは兵士の追跡に自信をみせたまま、村に入っていった。建物があるところはかなり危険だ。敵が隠れていそうなところがいっぱいあり、いつ撃ってくるか分からない。そのため、村に入ると、いったん、犬のペースを緩めて、戦術を立ててから追跡をしなければならない。追跡にかける時間も距離も、本来なら最短にするのが重要だが、村に入ったらどちらの間隔もあけなければならない。例えば、「角」にはありとあらゆる危険が潜んでいる。ヴィアリグは言う。

「オレがどこかの曲がり角でしくじって追跡を悟られてしまったら、相手は次の曲がり角で待ち伏せする。オレがまたしくじって、その角をそのまま通過したら、そこを撃たれる。だからオレは建物の一角に来ると、犬に伏せさせて、その角を『パイ』にする［『パイにする』とは、付近をパイのように区切って監視し、誰も待ち伏せしていないかを確認する行為］。誰もいなければ、進んでいける」

レックスとヴィアリグは、男を追ってラビリンスのような村の道を進んでいった。その日の朝、海兵隊が見回っていたときに外に出ていた村人たちは、今はもう、隠れるように屋内に逃げ込んでいた。村は、不気味なほどひとけがなかった。レックスは、一度も匂いの痕跡を失わなかった。兵士の姿は見えなかったが、見えていたも同然だ。レックスの鼻をもってすれば、逃走兵の逃げたあとははっきり「見えた」。私たち人間に、公園の中の道が見えるように、明らかだった。

レックスは突然、細道を右に曲がった。そのとき「犬は突然、態度を豹変させた」とヴィアリグは言う。頭を少し持ち上げ、ヴィアリグも止められないほどの強さで引っ張り始めた。「OK、みんな！」とヴィアリグは、すぐあとに続いて攻撃態勢をとっていた八人の海兵隊員に言った。「近いぞ、準備しろ！」

細道の突き当たりには、ついさっき土塀に後ろに隠れていた男の姿があった。彼は小川にかがみ、手を洗っていた。おそらく、火薬の匂いを洗い流そうとしていたのだろう。隊員たちが近付くと、ヴィアリグが「首筋の神経に触るような」と表現する声でレックスが吼えた。男には逃げ場所がなかった。海兵隊員たちは、手錠をかけると、仲間にタリバン兵を捕えたことを知らせた。ヴィアリグはレックスに褒め言葉を浴びせ、たくさん撫でてさすり、テニスボールを投げてやった。レックスはそのボールをうれしそうに破壊した。

「あのテニスボールは、レックスにとってはコカインも同然だよ。呼吸するより、まずボールを欲しがるんだ」

次の章に出てくるブレックも、同じような犬だった。

37 ブレックがあげる悲鳴

軍用犬ブレックH199の、四回目と五回目の派遣の間に与えられた期間は短かった。このブラック・ジャーマン・シェパードは二〇〇九年一二月にアフガニスタンからアラバマ州マックスウェル空軍基地に戻ったとき、一緒にいたハンドラーと深い絆を結んでいた。一緒にいくつもの爆弾を見つけた仲で、大親友になっていた。

ハンドラーは当時六歳のブレックが引退するまで一緒にいたかった。しかし現実は違った。いわゆる「ホットスワップ」と呼ばれるもので、戦争から帰還したハンドラーは、組む犬を変えなければならない。犬には新しいハンドラーがつく。ブレックは、ブレント・オルソン空軍三等軍曹と組むことになった。オルソンは、すぐにブレックを大好きになったが、少し罪悪感もあった。

「前のハンドラーは、僕と口もきいてくれなかった。犬を僕に取られた気持ちがしたんだろう、怒っていた。二人の絆は深かったからね。僕としては『ちょっと待てよ、僕のせいじゃないんだから』と言いたかったけど」

三か月もしないうちに、オルソンとブレックは、第一〇一空挺師団第五〇二歩兵連隊B中隊第三小隊に加わりアフガニスタンの東方面軍のサレルノ前線基地と南方面軍のカンダハル前線基地に配備された。その間、コンビは絆を築いていった。「戦争にまつわることすべてが詰まっていた。銃撃戦も経験したし、IEDも見つけたし、楽しい時間を過ごせたよ！」。

軍用犬の多くがそうであるようにブレックもIEDを見つけるのが大好きだった。匂いを嗅ぎ、しっぽをぶんぶん振った。「『パパ！　見て！　がんばったよ！　さ、僕のボールちょうだい！』って感じだった」とオルソンは言う。一触即発の事態もコンビが生き抜いたのは、数か月前にユマ試験場で受けた訓練のおかげだとオルソンは話す。「リハーサルを済ませたから、本番も大丈夫だった」。

タリバン兵と戦った六か月間、コンビが互いに離れることはなかった。犬と人がともに戦争を経験するとしたら、これ以上の環境はないと、オルソンは思った。

しかし二〇一〇年九月一六日の夜、暗視ゴーグルを通してみる緑色の世界は、オルソンにとって暗く濁ったものとなっていくのであった。

タリバン兵の多さで有名だった、南アフガニスタンの村に来て、三日目の夜のことだった。連日、アメリカ軍とアフガニスタン軍が、タリバン兵や武器、隠された盗品を探し、そのたびに銃撃戦が起きた。心身ともに厳しい任務だった。誰もが疲れていた。しかし、終わりも見えていた。数軒の建物が残っているだけだった。

上―ブレント・オルソン空軍三等軍曹は、アフガニスタンで戦闘中に負った傷で、名誉戦傷賞を授かった。しかし一緒にいて、負傷をしたブレックは、何ももらえなかった。軍用犬は、公式な賞やメダルはもらえないのである。「犬も、兵隊だ」とオルソンは話す。「正式に認めてもらえないなんて、あんまりじゃないか」。©U.S. ARMY PHOTO BY SERGEANT JEFFREY ALEXANDER
下―山中の任務を言い渡されたオルソンとブレック。©U.S. ARMY PHOTO BY SERGEANT JEFFREY ALEXANDER

その夜、三軒の家宅捜索を終えた隊は四軒目の捜索を始めた。大きなマリファナ畑に近かった。地階には土塀でできた住居があり横の階段を上がるとブドウの保管小屋があった。オルソンは、ブレックを先に行かせた。ドア枠の匂いを嗅がせ、それがブービートラップではないことを確かめるためであり、途中の泥階段にIEDが仕掛けられていないかも確認するためだ。「上へ行け！」とオルソンが言うと、ブレックは走っていき、一二段の階段を嗅ぎまわり、ドア枠の下部も嗅ぎまわり、階段を下りて戻ってきた。オルソンから三メートルほど離れたところに立ち、次のコマンドを待った。その間、ANA［アフガニスタン政府軍］の兵士が階段を上っていき、すぐに別のアフガニスタン人の兵士も続いた。小屋を開けて、中を確かめるのだ。しかし兵士が、階段の四段目を踏んだとき、大爆発が起きた。

その後、地獄のような光景に変わった。

アメリカ兵が無線で「IED！　IED！」と叫んだ。階段を上っていたアフガン兵は、六メートルも飛ばされ、砂だらけの道に横たわっていた。左足は吹き飛ばされ、寝転びながらアラブ語で悲鳴を上げていた。誰か、オレを撃ち殺してくれ、と。彼はすぐに、道の真ん中で、出血死してしまった。

爆発の衝撃で、オルソンも飛ばされ、数フィート後ろの壁に打ち付けられた。呆然とした。「僕を現実に引き戻したのは、ブレックが悲鳴をあげている音だった。恐ろしい音だった」。

夜間でブレックの姿が見えなかったので、リードを戻して、ブレックを手繰り寄せた。ブレックは爆発と同時に逃げ出したので、八メートル弱も離れていた。ブレックをやっと引き寄せたオルソンは、ブレックの息があったことに安堵した。怪我をしていない、ブレックの体を触り始め、ブレックの足を上へ下へと確認しているときだった。突然、オルソンの右腕から感覚が消えた。左手を右の脇下に入れると、血で真っ赤に染まっていた。

「撃たれた！」オルソンは叫んだ。「誰だ？」「ドッグ・ハンドラーだ！」オルソンは再び叫んだ。

衛生兵がやってきて、すぐにオルソンの装備と服を切り始めた。ブレックは、衛生兵に唸った。オルソンはそのときについて話す。「ブレックが見たのは、誰かが僕を触ったこと、そして僕が痛みに苦しんでいたこと。ブレックは言いたかったんだ。『僕のパパに何をする！　パパに触るな！』って」。

オルソンは万が一のことを考え、ブレックを別の隊員に預けることにした。その彼も怪我をしていたが、まだ動ける人員だった。

衛生兵がオルソンの処置に当たっている間も、アフガン兵はパニック状態で走り回っていた。安全な場所を求めてほかの建物に逃げ込むと、そこでもＩＥＤが爆発した。被害者が多すぎて増援が呼ばれたが、到着した第一小隊が走りこむと、さらにＩＥＤが爆発した。アメリカ兵が二人爆死し、怪我人も出た。

オルソンは右脇に榴散弾の破片を受け、右上腕を骨折し、感覚が戻らなかった。左腕には火傷を負い、榴散弾の破片が顔中に突き刺さった状態だった。足には三インチ（七・六センチ）ほどの鉄片も突き刺さっていた。

再びブレックに会えたのは、ブラックホークの救急ヘリを待っているときだった。見てすぐに、ブレックの耳が聞こえなくなっていると分かった。話しかけても、ブレックには何も聞こえないのだ。犬ははぁはぁ息をするだけで、まっすぐ前を見ているだけだった。爆発で、鼓膜が破れてしまったのだ。口の左側に榴散弾の破片も突き刺さっていた。

最初の爆発から二〇分後、ヘリコプターがやってきた。

「犬は乗せられない!」ヘリの音に消されないように、乗員が叫んだ。

「こいつも連れていく! ダメなら、俺も行かない! こいつを置いて、どこにもいけない!」

オルソンは叫び返した。

ブレックは、オルソンとともにブラックホークに乗って、カンダハルへと飛んだ。そこで救急車に乗せられたオルソンは、基地の病院へと運ばれた。ブレックは獣医たちに連れられ動物病院へ向かった。別れるとき、オルソンは言った。「お前は、いい子だ」。

★

二日後、ブレックはオルソンが入院している病院を訪ねてきた。別のハンドラーが連れてきたのだ。ブレックはオルソンのベッドの上に飛び乗り、ただ見つめてくるだけだった。「泣きそうになった」とオルソンは話す。ブレックの顔の怪我は良くなってきていたが、耳はまだ聞こえないらしい。ブレックは三〇分ほどオルソンと過ごし、アメリカに帰国した。さらにその後、ドイツのラントシュトゥール地域医療センターで、二人は短い再会を果たした。

オルソンはその後も、いくつもの病院を転々とし、三度の手術を経て、戦争に戻れる状態になった。二〇一二年三月、オルソンは再びアフガニスタンへ赴く予定だ。ブレックと一緒ではないが、今度はウィールR139と一緒だ。ドッグ・スクールを卒業したばかりの、緊張しやすい若いマリノワだ。「ブレックだったら良かったけど、こいつもいい子だよ。しっかり育ってきている」。

ブレックは、いま八歳だ。二か月間、耳が聞こえなかった。今も、怪我の後遺症で平衡感覚に問題が出るときがある。

オルソンは、昔のパートナーを忘れていない。というより、今も毎日会う生活を送っている。ブレックは今や、正式にオルソンの犬になった。怪我をしたブレックは、軍用犬として働けなくなった。オルソンは、ブレックを引き取るチャンスに飛びついた。ハンドラーだったので、第一に優先された。

ブレックは、ソファでくつろいだり、折りたたみではない、気持ちの良いベッドに寝そべったり、骨付きステーキの形をした犬用おやつを食べて、日々を満喫している。寝たり食べたりしていないときは、オルソンや、オルソンの恋人のあとをついてまわっている。

「僕の影みたいな存在だよ。海外にいったら、寂しくなるだろうな」

38 特別な絆

兵士たちの間に築かれる絆は、独特だ。ともに戦地に赴けば、なおさらだ。母子の絆とよく似ている。説明のしようがない。とても親密で、比類ないものだ。常に一緒に過ごし、仲間意識も生まれる。完全な相互依存関係である。そして、生死を分ける場面で、同じようにアドレナリンが体中を駆け巡る、そんな体験も共有する。

派遣されたハンドラーが口をそろえて言うことは、戦争体験をせずに、犬との絆の強さは分かりえない、ということだ。カミソリをあてられたような鋭い緊張と恐怖を、一緒に味わうのだ。自分の犬が、しっかり仕事をするかどうかに、命がかかっている。犬は、それ以外のことすべてを、自分に頼っている。

見ただけでは到底分からないほど巧妙に埋められたＩＥＤ。ごく普通に見えるのに、どこか行動がおかしい人。タリバン兵が、銃のセーフティーを慎重に外す音。犬は人間が見逃すことも、見つける。そして人間は、たとえ経験が浅くても熱意をもって、危険に遭わないように犬を守らなければならない。

犬の素晴らしい能力に依存して生きる気持ちを、どう説明したらいいだろう。実際に命拾いした場合はなおさらだ。その意味の重さと、自分の命を誰かに負ってもらうということについて、理解できるのはそこにいた兵士と犬以外にいない。しかも、犬は人間のような思考を持つと断言できる生き物なのだ。

★

「犬と兵士との絆があれば、どんな苦しい状況も乗り越えられる」と話すのは、アフガニスタンでドッグ・チームの軍事作戦を一年間指揮していた最先任上等上級兵曹のスコット・トンプソンだ。

しかし、犬好きなら誰でも知っているように犬との絆は一朝一夕で築けない。時間もかかるし、世話も必要で、数多くの体験も共有しなければならない。我が家のジェイクなど、自分に注意を向けてくれる人なら、誰でも大好きになる。あるときは、ジョギング中の人についていき、私が追いつくまで一マイル（一・六キロ）ほど一緒に走っていってしまったことがある（その人は走っている途中で、ジェイクを可愛がり、コネティカットに残してきた自分の犬が恋しい、と話しかけたらしい。ジェイクは、親友と離れてしまったその人の気持ちに反応したに違いない）。ジェイクは私と九年も一緒に過ごしてきたのに。でもそのジョガーと私のどちらかを助けなければならないとなったとき、ジェイクが助けるのは、きっと私だ。間違いない。

軍用犬も同じである。犬とハンドラーが組むとき、第一のゴールは良い関係を築くことにある。ブレックの場合も、前のハンドラーと一年間ずっと一緒だった。その前のハンドラーもいたはずだ。そこでオルソンは、ブレックとのセッションを増やし、規定以上の頻度でブレックと過ごす時間を設けた。塀に囲まれた場所でブレックをリードから放してやり、ボール遊びをした。ブレックも柔軟性があり、社交的で、褒められてボールがもらえる仕事への意欲も強かった。ハンドラー交代は、困難ではなかった。

しかし、今までハンドラーがいなかった犬の場合はどうか。ブリーダーから仲買人へ、そしてドッグ・スクールからケンネル［飼育場］へ渡った犬が、ようやくハンドラーについた場合、どうなるのだろうか。

39
ウォーキング・ポイントにいた、あの犬

　フェンジも、二〇一〇年にキャンプ・ペンデルトンで初めてマックス・ドナヒュー伍長と組んだときは、まだ初心者マークをつけた若い犬で、多くの調整を必要とした。派遣できる状態に仕上げるのは、ドナヒューにかかっていた。

　ドナヒューは一目でフェンジを気に入った。いつも楽しそうなフェンジは、人を喜ばせようとする犬で、なにか惹きつけるものがあった。ドナヒューは、フェンジから最高の能力を引き出していた、と話すのはドナヒューのケンネル・マスター［飼育場の主任者］だった、海兵隊一等軍曹のジャスティン・グリーンだ。「彼は、仲間の前で恥をかくのを、恐れなかったからね。自分が犬にとって一番に輝く存在になるには、みんなからバカにされるようなことも、喜んでしなきゃいけない」。フェンジが任務を成功させたとき、ドナヒューが興奮し、我を忘れて喜び、フェンジに絶賛の言葉を浴びせた様子は、誰にも真似できない。

　海兵隊員に多いが、ドナヒューはしきたりを守るタイプではない。最初から、すべて、自分なりのやり方を通した。たとえば一九八七年七月一四日のときも同じだった。ドナヒューの母は産

上―戦闘パトロール中のドナヒューとフェンジ。アフガニスタンに派遣される犬のほとんどがそうであるように、フェンジも鋭い嗅覚を使って、爆弾を嗅ぎ出す。©CHRIS WILLINGHAM
下―ガルムシールのマーケットでパトロールするドナヒューとフェンジ。この写真を撮ったクリス・ウィリングハム海兵隊一等軍曹いわく「フェンジの鼻は良かったかと、聞いたね。もしそうじゃなかったら、こうして後ろを歩かなかったさ」。©CHRIS WILLINGHAM

気づいた。予定日の二週間前の朝三時で、ドナヒューの父は不在だった。「息子が、この世界への登場の瞬間を、自分で決めている。私もがんばらなくちゃ」と、彼の母は陣痛の中、自ら運転して病院に向かい、ドナヒューを生んだ。ドナヒューは成長しても、出産のときのように特別な存在感をもっていた。部屋に入るだけで、誰もが彼に顔を向けた。その笑顔、自信、人を気持ちよくさせる明るさに、なにか魅力があった。

幼少期は、問題も起こした。弟を守るために喧嘩をし、どうしてもジョークが言いたくて授業の途中で笑いをとることもあった。さらに成長すると、酒を飲み、たばこを吸い、遊び人になり、多くの喧嘩を起こした。しかしどんなに粗暴そうなティーンエージャーになっても、困っている人を必ず助けた。路上でパンクした人がいたら、タイヤ交換を手伝った。ガソリンスタンドで支払機がうまく作動しなかったら、彼がどうにかして満タンにしてくれた。ドナヒューの前で弱いものいじめをするのは、得策ではなかった。

今、軍隊に勤める大多数の人と同じように、ドナヒューもあの二〇〇一年9・11後に、入隊することを決めた。彼は母に告げた。「決めたよ、母さん。俺は海兵隊に入って、この国を守るために戦うんだ」と。

彼はその使命感を忘れなかった。高校を卒業して一か月後、彼は海兵隊に入隊した。そのときから犬と一緒に仕事をしたいと考えていた。「犬と一緒に、正義のために戦うんだろ？　親友の援護を受けながら、周りの命を救う、それ以上にいいことはないね」。

40 特殊効果

犬がハンドラーに与える影響は大きい。軍獣医エミリー・ピエラッチ大尉が言うには「たくましい大男たちが、犬と一心同体になると、世界で誰よりもその犬を愛するようになる」。

軍用犬の世界にいると、犬がどれだけの存在であるか話そうとするハンドラーに数多く出会う。「上官はオレに腹を立てることはある。妻もオレに腹を立てることがある。でもオレの犬は、いつだってオレを見ると幸せそうにする」「一番こわいのは、犬と組めないこと。そしたら普通の兵隊にならなきゃいけない。自分の半分がなくなったような気分になるだろうな」「犬がいなければ、戦争は地獄だったろう」。

空軍のクリス・キールマン三等軍曹は、ハンドラーになってわずか八か月で、在アフガニスタン合同統合特殊作戦タスクフォースに抜擢された。本人は「本当に、たまたまだよ」と言う。新しく入ったキールマンと、ジャーマン・シェパードのキーラL471が、エリート部隊の信用を勝ち得るには時間がかかった。ドッグ・チームを先頭に任務をこなすうち(キーラを先頭にキールマンが続き、ほかの隊員がこのドッグ・チームを守るのが、戦線でおこなう任務の九五%だ)、この一人と一匹は高く評価されるようになった。とくにみな、キーラのことが大好きなようだ。忘れてはならないのは、みな、屈強な戦士だということだ。長期間、危険地帯で任務を遂行する。シャワーも屋外トイレも使えない日が、最長一七日も続く。任務が始まれば休日などない。しかし、目標の敵兵リーダーを、高確率で掴まえる。私などが知り得ない秘密の任務も任される。

キールマンは、キーラのことを「マイ・ガール（僕の彼女）」「マイ・ベイビー（僕のベイビー）」「マイ・スウィートハート（僕の恋人）」と呼ぶ（キールマンは結婚しており、彼の妻もキーラのことが大好きだ）。キールマンは「キーラは、僕たちの安全を守るため毎日、毎日働くんだ。こっちも、お腹や肉球をさすってやって、気持ちをよくしてやるんだが、キーラがしてくれることに比べると、大したことじゃないよ」と言う。

驚くべきは、キーラがほかの隊員に与える影響だ。たき火を囲んで食事をするときも、一緒だ。隊員たちはキーラに話しかけ、撫で、自分たちが家に置いてきた飼い犬のことを懐かしく話す。キーラがいると彼らの士気が下がらない。だから「そりゃもう、ひたすら甘やかされたよ」とキールマンは振り返る。「作戦地帯に入ると、みんな、ステーキをくれた。本物の肉を手に入れると、いつもキーラに分けてくれた。RG（耐地雷の軽装甲車両）に乗れば、キーラは前の席で、射撃手の隣で、窓の外を眺める。すると射撃手がずっとキーラにジャーキーをくれる」

「ある隊員なんて、びっくりだったよ。キーラが檻で寝るとき、かたいすのこじゃかわいそうだと言いだして、前線基地に行って低反発マットレスを買ってきてくれたんだ。別の隊員は、ふわふわの毛布をくれた」

★

派兵されて、犬と過ごす最大の魅力の一つは、犬が懐いてくれることだ。それはいたって単純な理由だ。悩みを打ち明けるとき、犬ほど良い相手はいない。誰にも秘密を漏らさないし、発言に批判もしない。犬は、撫でるだけでも、近くにいるだけでも、血圧を下げたりストレスを軽減したり、様々な健康効果をもたらすと言われる。

「犬たちは、そばにいて、話を聞いてくれる。最悪な場所にいるときだって、一緒にいてくれる。ああいう戦地にいるとき、犬のおかげで一日の孤独がだいぶ和らぐんだ」とトンプソンは話す。

だからこそ、アフガニスタンの野良犬も、アメリカ兵にとってかけがえのない存在になっていくのだろう。ウォード・ヴァン・アルスティン海兵隊伍長は『サンフランシスコ・クロニクル』紙に、現地で拾って今は飼い犬にしている犬について、次のように話している。「ずっとそこに座ってさ、誰かが落ち込んでいたら、そいつに自分の頭をのっけて、目を閉じるんだ」「どんなに辛い一日でも、あの子だけは絶対にオレたちの味方だった」。

慣れない異国で、犬はわずかだがそこを「日常」に近づけてくれる。誰でも、新しい国や町で居場所がない気分になったとき、一匹の犬に出会っただけで懐かしい気分になる（犬好きだけかもしれないが）。その犬と友だちになれたなら、なおさらだ。

もちろん、一緒に派遣された犬がすべて友だちになるとは限らない。例えばデュアル・パーパス・ドッグは、行動が予測しにくい。自分では、優しく振る舞っているつもりでも、例えば頭を撫でようと手をのばしただけで、脅迫行為と受け取る可能性がある。そもそも、相手が腕を挙げたら攻撃するように、仕込まれている犬たちである。類似の動作と、耳のうしろをかいてあげようという善意の動作の、違いが分からない犬もいる。

しかし多くのデュアル・パーパス・ドッグと、ほとんどのシングル・パーパス・ドッグは、人間の仲間として強い絆を結ぶ。ガニー・ナイトも、言っている。

上―ビコF544とベッドでくつろぐクリスティーン・カンポス空軍三等軍曹。派遣中、軍用犬はハンドラーと同じベッドで寝ること多く、寝袋も一緒に入ることもある。二四時間一緒に過ごすことで犬とハンドラーの絆は深まる。©CHRISTINE CAMPOS

下―派遣先で、真っ白に磨かれた歯を見せびらかすアジャックスL523。ジェイムズ・ベイリー空軍三等軍曹にしっかり歯磨きをしてもらったのだ。©JAMES BAILEY

「爆弾探しが下手で、銃音が嫌いで、そのへんに座って好き勝手しているだけの犬でも、みんなの気がまぎれる面白いことをしてくれることがある。なんだかなごむんだよ」

軍は、主にラブラドール・レトリバーによるストレス・セラピー・ドッグも導入した。派遣中の兵士をリラックスさせ、向き合わなければならないストレスを軽減させる目的だ。彼らが隊員の仲間になるかならないかで、ストレスにさらされた戦闘隊の兵士の出来をも左右する。

その中で、最も深いレベルで友情を築くのは、犬とハンドラーだ。ケンネルのない地域に配備された場合、ほぼ二四時間一緒にいることになるし、大きなケンネルのある前線基地であってもハンドラーが希望すれば、やはり犬と二四時間過ごすことができる。後者の場合、多くはハンドラーの寝床の中か、すぐ近くで寝る。寝床にまっすぐ入っていく犬もいれば、足元で丸くなる犬もいる。犬用の食堂がなければ、ハンドラーと食事を一緒にする。シャワー室にすら、ハンドラーと入ることが多い。

軍用犬の人生で一番幸せなのは、戦地にいるときだろう、という人もいる。国内にいれば、ハンドラーとは一日数時間しかいられない。週末はまったく一緒にいられないことが多い。しかし戦争にいけば、引き離されることなど、まずない。

II部の冒頭にも登場したマーク・ヴィアリグ海兵隊三等軍曹は、次のように話す。

「犬を本当によく知るようになって、犬も自分をよく知るようになる。そうなってから派遣されると、より濃密な関係になるんだ」

41
塹壕

二〇一一年が明けたころ、アフガニスタンのゲレシュク谷にいたヴィアリグは、塹壕で寝る生活を一か月以上も続けた。第八海兵連隊第三大隊第二小隊に属するヴィアリグと、コンバット・トラッキング・ドッグ［戦闘時追跡犬］のレックスは、ヘルマンド州で最初の舗装道路工事がつつがなく終わるよう見守っていた。タリバン兵の攻撃から守る仕事だ。工事が進めば、ヴィアリグたちも移動するので、数日ごとに新しい穴を掘っては塹壕にしていた。

一年の中でとくに寒くじめじめした季節だ。ほぼ毎日、昼も夜も大雨が続いた。日中は、ゴアテックス製の雨具でしのぎ、夜は泥だらけの塹壕に寝袋をしいて寝た。ヴィアリグの掘る塹壕は、深さ約九〇センチ、奥行き一八〇センチ、幅六〇センチといった具合で、浅い墓のようだった。その塹壕のひとつの側面に、別の丸い穴も掘ってやった。それは、レックスと、自分のリュックのためだった。上から見たら「P」という文字に似たつくりの空間ができあがる。

毎夜、ずぶ濡れになりながら、ヴィアリグは塹壕に入って寝た。レックスがなるべく濡れないように、横の穴に入れた。そして雨によって塹壕が浸水しないように、出口には迷彩模様の防水シートをかぶせ、ライフル銃で支えた。外側は石を使って防水シートを押さえた。それでも毎晩、塹壕の底に掘った穴に雨水がたまるので、数回かきださないと浸水しそうだった。

夜中に起きると、レックスはほとんど塹壕にいない。最初は驚いたヴィアリグだったが、防水シートをあげて外を見ると、そこにレックスがいた。塹壕で寝泊まりした何週間もの間、レックスは毎晩外に出た。

「雨の中、ずっと立って俺を守ってくれた」

レックスは座らず、頭を上げ、大きい三角の耳をぴんと立て、何か近づいてきやしないかと暗闇の中を見つめながら、立ち続けるのだった。毛皮は雨でずぶ濡れだったが、動くことなく、気高く立っていた。

「おい、こっち来いよ！ って言うと、レックスは持ち場を離れて、地下穴の中に戻ってくる。少なくとも、ヴィアリグがまた眠りにつくまではそうするのだが、数時間後、雨水をペットボトルですくい出すために起きると、レックスは再び自主任務に戻っていた。

レックスは寝ていたのだろうか。「それは、俺も不思議だった。レックスにも『おい、いつ寝てるんだ？』って聞いたっけ。俺を見守るために、眠らない夜が続いたに違いない」。

★

レックスがヴィアリグを守ったように、ヴィアリグもレックスを守った。

「彼を守るために、ほかの人間の命まで犠牲にするかって聞かれたら、それはしないだろうけど、でも彼を救わなければならない事態が起きたら、俺の持っている力すべてを使うだろう」

ほかの軍用犬ハンドラーも、似たことを言う。彼らは、国防総省が軍用犬を「装備」として扱うことを、仕方なく承知しているが、装備と犬はまったく異なると感じている。「俺のライフルも、装備だよ。でも、このライフルに対する思いと、この犬に対する思いは、まったく違うものなんだ」。

塹壕で寝泊まりする一か月を過ごしていたある日、ヴィアリグは短期任務のため別の隊に加わった。ほかの者はみな塹壕を掘り終えていたが、到着したばかりのヴィアリグにはまだ塹壕が

アフガニスタンでパトロールする間、レックスL479は、ハンドラーとともに穴を掘っただけの塹壕で寝泊まりする生活だった。このベルジアン・マリノワは毎夜、ハンドラーが眠りにつくと寝床の穴から這い出て、防水シートが張られた塹壕の前で、ハンドラーを守るため夜通し見張りをした。多くは豪雨の夜だった。©MARINE SERGEANT MARK VIERIG

なかった。彼は、草も生えていない岩だらけの丘に、穴を掘り始めた。奥行き一八〇センチを掘り終えたが、深さ三〇センチにもならない状態で、敵兵が八二ミリ無反動砲を撃ってきた。近くの戦車を狙ったものだろうが、弾はヴィアリグから三メートルのところに命中した。

ヴィアリグは咄嗟にレックスの首を後ろから掴み、塹壕に投げ入れた。そしてレックスが撃たれないように、犬の体を覆うようにして自分も塹壕に飛び込んだ。まだ半分しかできていない塹壕なので、ヴィアリグの体のほとんどは外に出たが、自分は防弾の戦闘服を着ている。外にさらされるならレックスではなく自分の方が怪我をしにくいと考えた。

次の瞬間、わずか一・五メートル離れたところで別の爆発が起き、地面が揺れた。レックスはヴィアリグの下で、じっとしていた。

「ああいう状況下では、犬もよく分かっている。『OK。今、大変なことが起きているよね』と」

突然、ヴィアリグとレックスは笑い出した。とんでもなく危険な局面で、そんな場合ではなかった、とヴィアリグ自身も思い返すが、そうとしか説明できない。穴の中で、鼻と鼻が触れ合うほど、顔を近づけた一人と一匹だ。レックスはヴィアリグを見て「こんな可笑しなポジションってないよね」と言いたそうだった。敵兵が彼らを見たら、気がふれたのではないかと思っただろう。

プロのブル・ライダー［ロデオで牛に乗る競技者］だったヴィアリグはこれまでも、危険を平然と乗り切ってきた。「しかし、ああいうときは、犬と一緒の方がずっといいね」。

42 レックスと、シントと

犬を飼ったら死ぬまで一緒、とふつうは考える。残念ながら、あまりに多くの人がそれを守らないため、シェルターは犬で溢れているわけだが、それは別の話なので、ここでは置いておこう。軍隊では、ハンドラーと犬のコンビは、何度も変わる。どの犬の担当になっても、期限付きだ。一回の派遣限りのこともあるし、一年あるいは数年のときもある。専門分野と運によって決まるが、軍用犬がたった一人のハンドラーにずっとつくことは、基本的にはない。犬はハンドラーを変更させられ、ハンドラーも犬を変えられる。すべては、遂行すべき任務によって決まる。

ケンネル・マスターは、犬とハンドラーの相性を見て組み合わせを決めようとするが、時には、たまたまあぶれてしまったという理由で犬を割り当てられることもあり、その結果、非常に相性の悪いコンビができることもある。その状態が、任務期間中続くこともある。しかし、どの愛犬家も証言するように、犬というのはなぜか人の心の掴み方を知っている。軍用犬も例外ではない。

二〇〇八年のある日、アマンダ・イングラハム陸軍三等軍曹は、レックスＬ２７４と組むことを知らされ、愕然とした。「こんなに犬がいるのに、よりによって？」と。

当時四歳だったジャーマン・シェパード犬レックスは、いままで、どのハンドラーともうまくいかなかった。怒鳴られないと何もしない、動くものは何でも追いかける、といった具合だ。アリゾナでは野生のラバを、テキサスではウサギを、ヴァージニアではリスを追いかけた。しかしレックスはSSD（特別探知犬）として訓練されていたので、リードをつけずに任務をおこなわなければならなかった。爆弾探しの途中で、動物と鬼ごっこを始めるなど言語道断だ。

訓練中のレックスは、イングラハムの指示だけは、どうにか聞いた。例えば、ある夜間訓練では、レックスは何も言うことを聞かず、苛立ったイングラハムが「ちょっと、シット（座れ）もできないわけ⁉」と怒鳴ったら、レックスは座った。唯一、従えるコマンドだった。別の訓練で、イングラハムがレックスを呼び戻した。そのときレックスは、六メートルの高さがある歩道橋にいた。普通の犬なら、階段を下りてハンドラーの元に戻ってくる。しかしレックスは違った。ハンドラーめがけ、六メートルの高さから飛び降りた。

そいつはお前の犬だ、と上官は言った。

特別探知犬はほかの軍用犬よりも、同じハンドラーと組んでいる期間が長い。四、五年のコンビも珍しくない。だが組んでからわずか数か月で、イングラハムは、軍隊との契約が終了する日を指折り数えるようになった。レックスは、イングラハムを訓練用爆弾のすぐ近くまで、連れていってしまうのだ。一回だけではない。「爆弾を見つけたとき、私は既にその真上に立ってるわけ。爆弾に近づいても、しなくちゃならない反応をしないの。実地だったら私は死んでいたわ」。イングラハムの契約はあと一八か月で終わるはずだった。再入隊はしないと決めた。この犬と、これ以上過ごすなんて無理だと思った。

イングラハムとレックスはその後、ユマ試験場に赴き、派遣前訓練を受けることになった。その後、一緒にイラクに行くことが決まっていた。考えただけでも、ぞっとした。

ある日、レックスはまたしても、イングラハムを練習用IEDの真上まで誘導した。イングラハムは怒鳴り、もっと嗅ぎなさい、ちゃんと嗅ぎなさいと迫った。レックスは何もしなかった。イングラストをおこしたように、ただ座り込んだ。「それでもう、ひたすら怒鳴ったわけ。『どうしちゃったのよ！　優しく指示しろというの⁉』」。どうしてそう口走ったのかは分からなかった。おかしなことだ。レックスは怒鳴らなければ、何もしない犬なのに。

でもイングラハムは、自分に耳を傾けてくれる人に対するような、丁寧な言い方に変えてみた。「レックス、ゲット・オン」。自分から離れて、次の爆弾を探す指示だ。すると、レックスは言う通りにした。「ゲット・オーバー」と言えば、レックスはイングラハムの腕が指す方へ、右へ左へ動いた。「ジス・ウェイ！」と言えば、走って戻ってきた。イングラハムは、ショックを受けた。そして興奮した。レックスも誇らしそうだった。以降、イングラハムが声を荒げることは、ほとんどなくなった。一人と一匹は、意思の合致をみた。ハンドラーが突破口を開いたのか、犬が突破口を開いたのか分からなかったが、それは問題ではなかった。コンビは、共通の場に立った。同じ言語で話し始めたのだ。

上―イラクで、兵士たちがストライカー装甲車の中で昼食をとる間、見張りをするレックスL274。優しすぎたレックスはパトロール犬になれなかった。「一緒に遊んでいて、こっちが噛まれたふりをするだけで、レックスは離れて、ほんとにしょんぼりした」と話すのはアマンダ・イングラハム陸軍三等軍曹だ。そんなレックスも、ハンドラーを守るためだったら命を惜しまないことをイングラハムも知っていた。©AMANDA INGRAHAM
下―イラクで任務につくイングラハムとレックス。何より記憶に残るのは、レックスがイングラハムやほかの隊員たちに見せる友情だった。「辛そうにしている兵士がいれば、必ず気づいて、一緒にいてあげるの」。©AMANDA INGRAHAM

その夜、ホテルに戻ったイングラハムは、レックスもベッドに入れてやった。絆作りに良いと聞いていたが、大きな獣のようなレックスをベッドに入れる気がどうしても起きなかったのだ。なにしろレックスは四三キロもある（戦地ではハンドラーは犬を肩に担ぐことがある。自分たちはどうしたらいいんだろうというのもイングラハムの悩みだった）。レックスにとって、このような特別扱いは初めてだった。しかしベッドには不慣れで、すぐに落ちそうになった。レックスは縦長のベッドに対し横の方向で寝た方が安全だと考え、イングラハムも犬の体を動かせなかったので、同じ寝方をした。ベッドの横端に頭。もう片方の横端に足といった具合だ。

「次の日から、生まれ変わったみたいだった」とイングラハム。その日、レックスはドッグ・スクールの優等生になったみたいだった。ある訓練では、レックスは何百メートルもイングラハムから離れたが、レックスの態度が様変わりしたのがイングラハムにははっきり分かった。以前は、尾をわずかにしか動かさなかったが、その日は、尾をぶんぶん振った。怒鳴る必要は一度もなかった。これが、いままでと同じレックスなのかと、最初は誰も信じなかった。

数週間後、イングラハムとレックスはイラクへ発った。数か月間、様々な部隊や任務を助けた。レックスの嗅覚は鋭く、爆弾探しの欲求はさらに強まった。部隊がレックスの活躍を求めることも多かった。力になるのはもちろん、大きな体も役に立った。一般的なSSDとは違う犬種、ジャーマン・シェパード犬だったからだ。SSDは通常はラブラドールのような猟犬が多い。SSDは噛む必要がなく、嗅覚さえ良ければいいのだ。

敵兵はラブラドールが来ても、それほど恐れない。理由はもっともで、どこの国でも、人懐こい犬と思われているし、実際、本当に人懐こい。ハンドラーが危険にさらされた場合は、本気で相手に危害を加えるかもしれないが、ジャーマン・シェパードやマリノワほどの恐ろしい印象はない。ラブラドールの仕事を、レックスのような巨大なシェパードがおこなうというだけで、隊員からの人気を得た。レックスを見ただけで、敵も逃げだすかもしれない。

敵兵は知らないだろうが、大きくて恐ろしく見えるレックスは、非常に優しいジャイアントだった。攻撃性トレーニングでは落第している。防護服を着ている人に噛みついても、その人が悲鳴をあげたり叫んだりすれば、すぐに噛むのをやめて、心配して悲しそうな顔をするのだった。まるで「ごめんよ、遊びのつもりだったんだ。すぐに治るといいんだけど」と言っているかのようだった。それでも攻撃訓練は続けられ、歯が折れたので、獣医がチタン製の差し歯をした。ラックランドのスタッフたちはみな、この犬の攻撃性は皆無だと思い知るようになった。「あのチタン義歯を使ったのは、食べるときだけ」とイングラハムも話す。

レックスは、敏感な犬で、派遣中の兵士たちにとって一種のセラピー・ドッグになった。「辛そうにしている兵士がいれば、必ず気づいて、一緒にいてあげるの」とイングラハムは話す。レックスが一番好きなセラピー法は、落ち込んでいる兵隊とペットボトルで遊ぶことだった。自分も大好きな遊びだから、ほかの人も好きに違いない、と考えたのだろう。空でも満タンでも、ペットボトルを咥えて兵隊のところに走っていき、ぽんと投げる。もしくは兵士の横に座ってペットボトルを噛み、怖がったり悲しんだりしている兵隊の足をボトルでぼんとこづく。すると、兵士は構わずにいられなくなって、一緒に壮大な綱引きや鬼ごっこが始まるのだ。

何でも気づくレックスは、スカウティング［匂いによって人物の行方を特定する］することもあった。きっかけは偶然だった。

レックスたちはある日、背の高い草むらの中で、部隊と一緒に爆弾を探していた。イングラハムたちは、上空のドローンから、草むらの中に誰かいそうだと知らされた。数分後、レックスはキャンと言ってイングラハムの元に駆け戻ってきた。訓練中にも同じような行動をとったことがあるが、それは隠れている誰かに気付き、驚いた時のものだった。「一緒にいた数人に、相手が私たちの目の前に隠れていることも、右や左に何歩いけばいいかも、正確に教えることができた」とイングラハムは思い返す。兵士たちは、隠れていた人物をとらえることに成功し、レックスはテニスボールのご褒美がもらえた。別のときも、納屋の中の匂いを嗅いだレックスが、あまりに恐怖の表情を浮かべたので、わらの中に誰か隠れているとイングラハムはすぐに知ることができた。

けっしてカッコいい行動ではなかったが、成果はあった。

レックスはイングラハムのためなら、敵対する相手を攻撃することも厭わなかった。渓谷をのぼっていたイングラハムが、足を滑らせ転んだことがあった。一緒にいたイラク人通訳は、手をのばし、起きるのを手伝おうとして、イングラハムに覆いかぶさる体勢をとった。これを誤解したレックスは、激しく唸って吠えて、男に襲い掛かろうとしたので、イングラハムは、止めに入り、通訳が怪我をするのを防いだ。イングラハムがシャワーを浴びれば、レックスは見張りのようにそのトレーラーの前に立ち、出てくるまで守るように吠えた。

基地にいても任務に出ても、多くの成功を収めたのは、互いをよく知っていたからとイングラハムは話す。「あの絆がなければ、私たちの成功も半減していたはず。彼の行動なら、なんでも理解できた。彼が顔に浮かべる感情も、すべて読めた。レックスのことがすべて分かるようになったし、レックスも私のすべてが分かるようになった。座るのも同時、立つのも同時、ってレベルまで行ったわ」。

レックスはほかの人には、相変わらず聞かん坊だった。どんなに優しく指示されても、逆に強制されても、イングラハム以外の指示には従わなかった。自分のハンドラーは一人だけと決めたかのようだった。「私といるとき、別の誰かに指示されると、レックスはただ口を開けて、しっぽを振って、振り返って私を見るの。相手を笑うかのような仕草だったわ」。

派遣中のレックスとイングラハムは、昼も夜もずっと一緒だった。レックスは、イングラハムのベッドで寝るか、隣の寝床で寝るか、イングラハムのベッドの下に丸まって寝た。日中、イングラハムがウォーホース前線基地でデスクワークをしていれば（派遣中の兵士にとって生活環境が良好な場所だ）、レックスは、「キリンさんのベッド」で寝た。イングラハムが、ネット通販で購入したものだ。派遣された犬の中で、音がなるキリンの頭がついた、キリン模様のベッドで寝ていた軍用犬は、レックスだけだろう。レックスは、キリンの頭にじゃれては噛みつき、キーキー音を出してから、疲れてぐっすり昼寝をするのだった。

毎夜、寝る前になると、イングラハムは身を乗り出すようにレックスに寄って、言ってやった。

「アイ・ラブ・ユー、レックス。その大きな足から、臭い息まで、何もかも愛している」

★

派遣されてすぐ、イングラハムは、再び入隊することを決意した。うまくいけば、レックスの引退と同じころに除隊できるはずである。アフガニスタンにあと二回ほど行けばいい。「そしたらレックスを引き取って、ウェストヴァージニア州ウェイバーリーの私の自宅に戻り、ソファで寝て暮らす」と考えていた。完璧な計画！

イラク派遣を終えたイングラハムとレックスは、アメリカに帰国し、以前と同じフォート・マイヤーに赴いた。ヴァージニア州にあるアーリントン国立墓地の隣に位置する、小さな基地だ。毎夜、レックスをケンネルに預けなければならないのが、辛かった。犬用ベッドを用意してやり（ほとんどの犬にはベッドがない。食いちぎってしまうのも一因だ）、頻繁に訪れた。休日でも訪ねた。

そのときは、大統領を守る任務もおこなった。大統領側近たちの安全を確保する仕事だ。フォート・マイヤーでも活躍した。負傷兵や退役軍人が多く来場するイベントでのだった。そのとき、イングラハムは、レックスがどれだけ特別な犬かを思い知った。

基地のイベントでは、人間の検査はしないが、車いすの検査はしなければならない。探知機を通れないからだ。「なんだか申し訳ないのよ。どうして怪我をしたか、考えるとね」とイングラハムは言う。その場には三頭の犬がいたが、車いすのチェックをする犬にはレックスが選ばれた。気性が優しいからだ。

「最初の、車いすの人がやってきた。でもレックスは嗅ぎ回らず、その車いすに座っている人のところにいって、膝の上に頭を乗せたの」これが、レックスが言うところの、「この人は大丈夫、心配ない」という伝え方だと、イングラハムは気づいた。イングラハムは、車いすの人にレックスが人懐こい犬であると伝えると、その人はレックスを撫でて、中に入った。同じことが、車いすで入ってくる人たちすべてに起きた。杖をついた人も丁寧に迎えたレックスだったが、怪我をしていない人には無関心だった。

「傷ついた人が誰だか、すぐに分かる子だったの。いつものことだけど、一番ケアが必要な人が、すぐに分かったみたい。見ていて、誇らしかった」

★

二〇一一年の初め、イングラハム達に数か月のドイツ行きの辞令が出た。その後、アフガニスタンに配備されることだろう。基地を一歩出れば、生きるか死ぬか分からない生活の始まりだが、二四時間ずっとレックスと過ごせる日々でもある。そう思うと、イングラハムは待ち遠しかった。

ところが、である。三月一六日、ケンネルを訪れたイングラハムは、すぐに、何かがおかしいと気づいた。水のみ用ボウルには、泡が浮いていた。レックスの様子がいつもと違う。イングラハムはレックスを外に連れていったが、ご飯も食べようとしない。レックスらしくなかった。排泄もままならない様子だ。リードから外してやると、普通なら喜んで駆け回るはずが、フェンスのそばで寝転んだ。テニスボールを投げても、レックスは動かなかった。何かがひどく、おかしい。

レックスをすぐに獣医に連れていった。いくつかの検査をし、X線検査や超音波写真も撮った。血液検査の結果は異常なしだった。何もかも異常なしだと言われた。

ともにケンネルに戻り、イングラハムは一晩中、レックスから離れなかった。「パニックにならないようにした。私の気持ちを、レックスはすぐに拾うから」。朝の九時、レックスの心拍数は跳ね上がり、嘔吐を始めた。基地を離れた獣医も、戻ってきた。再び検査をしたが問題は見当たらなかった。獣医は、同じ地区にいるほかの獣医にも連絡し、レックスを四〇分離れたフォート・ベルヴォアに連れていくことにした。外科医がいたからだ。そこでも検査をしたが、やはり異常はない。外科医は言った。「とにかく切ろう。中で何が起きているのか、見なくては」。

イングラハムは、犬と一緒にいることを選んだ。「だって、自分の犬がどうなるのか、見ていたいから」と。だが、獣医の顔を見て、すべてを知った。レックスの体の奥で、何かが捻じれていたようだ。腸は灰色になって、事実上死んでいた。獣医は必死に処置をしたが、手の打ちようがなくなった（ある軍獣医に、レックスの症状について話したところ、鼓腸症ではなく腸間膜根が捻じれたのだろうと言った。滅多に起きない症状らしいが、起きたら致命的な病気だ）。獣医はこの時点で、レックスは麻酔から目を覚まさない方がいいだろうと言った。イングラハムは、わっと泣き出した。みなはイングラハムを残し、部屋から離れた。イングラハムも、レックスのために、落ち着こうとした。レックスにキスし、撫でて、いつものようにいっぱい話しかけた。

最後に、身をかがめ、レックスの毛に頬ずりしながら言った。

「アイ・ラブ・ユー、レックス。その大きな足から、臭い息まで、何もかも愛している」

レックスは、そのまま永遠の眠りについた。

一か月もしないうちに、イングラハムは新しい犬のハンドラーになることを知らされた。レックスを失った傷も癒えていない。しかも相手はシントM401だ。愕然とした。

「こんなに犬がいるのに、よりによって？」

以前と同じ疑問がよぎった。

シントというベルジアン・マリノワを、ケンネルで見かけたことはあった。そして自分の犬でなくて本当に良かった、といつも思っていた。四歳のシントは、覚えがとても悪かった。しかしイングラハムの気持ちに反して、シントはすっかりイングラハムに懐き、どこでもついてきて、鼻をすり寄せてきた。イングラハムとしては、お断わりだった。レックスを失った悲しみもまだ癒えていない。それにこの犬には、ただイライラさせられる。

イングラハムの母は、時間をかけなさいと言った。よさそうな犬じゃない、と。でも、イングラハムはまだ、こころを動かされたりはしなかった。この犬を好きになることは、絶対にないとさえ思っていた。

私がイングラハムに最後に連絡をとったのは二〇一一年秋だ。彼女とシントは、ドイツに数か月滞在していた。そして母親が言うように、イングラハムはシントが大好きになり始めていた。

「ちょっと変わっているんだけど、そこが可愛いのよ」。

以下、イングラハムによる手紙である。

「彼はちょっと神経質なの。だから日常の音でも、彼には新しいチャレンジ。例えば、箱を探していたときがあるんだけど、見つけたらその箱が動いたんで、猫のように跳ねて、隣にあった荷台に飛び乗ったの。箱が動くなんて、見たこともない！　ってね」

「何か探して、それを見つけるたびに、ショックを受けた顔をするのよ。なんてことだ、こんなところにあったなんて信じられる？　って。『シット（座れ）』っていう単純な指示も、考えすぎるところがあるし」

「あとは、子どもたちね。小さい子どもに、心底怯えているみたい。遠くにいても、私の後ろに隠れようとするか、逃げようとするわ。それも、どこに逃げたらいいのか、逃げ道に何があるか、見もしないでね。シントを育てるのは挑戦だけど、毎日、発見がいっぱいで、飽きないわね」

「シントはドジなところもあって、玩具を走って取ってくるとき、何度も鼻をぶつけてるの。だから何らかの病気がからんでいないか、確認しているところ。素晴らしい犬で、自分の仕事もちゃんと理解しているし、仕事をするのも好きなんだけど、ほかの犬と比べると大変そう。シントの鼻も、同種の犬と比べるとすごく弱いのだけど、ちゃんと分かっているし、その分、一生懸命なのよ。派遣されても、私ならシントを信じる。いろんなＩＥＤの匂いも嗅ぎ分けられるし、ほかの匂いも嗅げるし。ちょっとした火薬を見逃すことはあるけど」

「アフガニスタンに行けるまでは、やっぱりまだ少しかかるかもしれない。でも行けるようになったら、きっと良い活動をできると思う」

43 いつも一緒

イングラハムが、かつてレックスと築き、現在はシントと築きつつある、犬と人間の絆は、今の戦争に始まったものではない。

ロバート・コラーは、ベトナム戦争に出兵した一九六八年から六九年にかけて、第五八歩兵小隊の偵察犬隊でハンドラーをしていた。キャンプ・エヴァンズに駐留し、レベルという名のジャーマン・シェパードと組んだ。ベトナム・ドッグ・ハンドラー協会によれば、ベトナムで活躍したレベル（反乱）という名の軍用犬は五二頭いた。その犬たちがどうなったのか、あまり知られてはいない。少なくとも五頭は戦死し、四頭は怪我のため殺され、一頭は退役し、一頭は熱ストレスで死亡した。この、熱ストレスで死亡したのが、コラーの犬だ。三等軍曹だったコラーが帰国した、三週間後のことだった。

戦時中、コラーは隊を率いて、一日に五回もジャングルの偵察に回っていた。そんな日々のことや、あまり知っている顔がいない隊の支援に出向いていたことなどを、彼は鮮明に覚えている。見知らぬ隊員を率いて歩く任務は、様々な意味で、自分と犬だけの世界だ。モンスーンの時期も、夏の猛暑でも、良いことがあった日もそうでない日も、同じだ。例えば、襲撃をかけなければならなかったある夜、レベルはついてこなかった。レベルはどうしても寝てしまうので、コラーは犬を引っ張っては起こし、見張りを続けた。チームワークが大事なのはもちろんだが、パトロールの任務より、自分と相方の関係に目が行きがちになる。その相方は、何週間も何か月も一緒に過ごし、自分のことを知り尽くし、何のために活動しているのかも完全に理解している。偵察用のハーネス［胴輪］をつけたときが、本当のゲームの始まりだということも分かっている。

「いつもレベルの小屋に行ってたっけ。本当に可愛いやつだった。子猫のようだった。攻撃的なところはちっともなかったけど、その必要もなかった。レベルはどうしてるかなぁって、よく小屋まで見に行っていた。隣に座って、お喋りして、家から持ってきていたカセットを一緒に聞くんだ。レベルは一番の親友だった。それ以外にどう説明していいか分からない。ああいう犬こそ、真の友だちだよ。故郷との、唯一のつながりだった」

パトロールが終わってから次のパトロールまで数日空くこともあったが、そのようなときもコラーは犬の訓練を続けた。中断しなければ、能力も鈍らない。基礎的な服従訓練や、ハンド・シグナルの復習をした。「トレーニング・レーン」を歩く練習もした。これは、道に埋められたものを見つけ、犬の感覚を研ぎ澄ましておく訓練だ。犬を毎日世話するのは、コラー自身にとっても良かった。士気が下がらなかった。

レベルと仕事をしていた時から四三年経つが、コラーは当時を忘れたことはない。家の壁に飾られた五〇枚近くの写真や思い出の品のうち、八枚か九枚はレベルのものだ。レベルのカラー［首輪］とチョーク・チェーン［しつけ用の鎖］も飾ってある。

コラーにとって、「レベルはいつも一緒」なのだ。コラーとレベルの写真は、マイケル・レミッシュのサイト「k9writer.com」にも掲載されていて、コラーはみなにそれを見せたがる。このサイトには、かつて戦争に赴いた、様々なハンドラーと犬の写真を掲載したページもある。

コラーの一番のお気に入りは、ベトナム戦争時の写真ではなく、第二次世界大戦中のペリリューの戦いの写真だ。ときに「海兵隊史上最も苦い一戦」とも言われる一九四四年秋のこの戦いは、太平洋戦争において最も米国死者数の多い戦いでもあった。八人の海兵隊員に名誉勲章が贈られたが、そのうち五人は戦死していた。手近にあるものをなんでも投げつけて、戦った場面もあったらしい。軍事作戦上の価値がどれだけあるのか疑わしい島をめぐって、多大な犠牲である。

コラーが好きだという写真は、海岸に掘った塹壕らしき穴の前に立つ、第五海兵連隊の軍用犬小隊に属する若い海兵隊員ウィリアム・スコット伍長と、プリンスという名のドーベルマン・ピンシャーだ。スコット伍長はひざをつき、右手にライフルを持ち、左手を犬の肩に乗せている、そして空を見上げている。珍しい写真ではない。レミッシュのサイトには、より画質の良い写真や、興味深い写真がある。しかし、この写真はハンドラーであることのすべてを物語っている、とコラーは感じている。なぜそう思うのかを、彼は妻にさえ、言えない。

写真の魅力を解く鍵があるとすれば、写真に写る兵士の表情だろう。一見すると無表情だが、ずっと見ていると、疲労とともに、自信も見えてくる。無鉄砲さも垣間見える。しかし、そのあと、もっとはっきりしたものが見えてくる。その写真に写るもの。それは一人の兵士と一匹の犬以外、何もない世界だ。ほかのアイデンティティーはなく、たった一組で、世界と対峙している。

★

戦争における犬の役割を問うことは、これまで何千年もの間、犬が人間にとってどういう存在であったかと問うことと同じである。犬は、守り、探し、攻めるために用いられてきた。戦いに、栄光も恐怖ももたらす動物である。これらすべてを可能にする人間との絆は、語られてきたものの、細かく描かれたことはあまりなかった。

しかし、有名な戦争でも、語り継がれてきた話を離れ、小さな出来事に注目すれば、人間と犬の深い絆を物語る、興味深い事実を知ることができる。私が大好きな軍用犬の話を二つ挙げるとすれば、軍用犬そのものの話ではなく、犬が戦地で有名な軍人に与えた影響についての話だ。

一つ目は、ジョージ・ワシントンの話である。彼は多くの猟犬を飼い、スウィート・リップス、ヴィーナス、トゥルーラブ、テイスター、ティップラー、ドランカーと名づけていた。そんなワシントンは、犬と飼い主の絆についてよく理解していた。また、彼にとって犬は、情熱であり、趣味でもあった。

一七七七年、ジャーマンタウンの戦いでのことだ。戦況はアメリカ側に思わしくなかった。この戦いで、小さなテリアが、米軍と英軍の戦線をうろついていた。首輪を確かめると、英軍のウィリアム・ハウ将軍の犬と分かった。なぜか戦闘地で迷子になってしまったのだ。

米兵の中には、ハウの士気をそぐため、戦利品として犬をもらおうという者もいたが、ワシントンは一時休戦を求めた。そして側近に、次のようなメモを書かせ、犬の首輪につけた。

「拝啓。ハウ将軍。この犬をお返しします。たまたま、こちらへ来てしまったようです。首輪より、ハウ将軍のものと推察いたしました。ワシントン将軍より」

双方とも、銃撃をやめた。そして休戦を示す旗の元、犬は側近の書いた手紙とともに、ハウ将

第二次世界大戦におこなわれた、ペリリューの戦いにおける、ウィリアム・スコット海兵隊伍長と、ドーベルマン・ピンシャー犬プリンス。この写真が戦時中のハンドラーと犬の仲を、すべて物語っているので最も好きだと、ベトナム戦争時の軍用犬ハンドラーだったロバート・コラーは話す。
©NATIONAL ARCHIVES

軍に返された。ハウはワシントンの行為に感銘を受け、独立軍に同情的な立場を取るようになり、将軍職を辞職した、という説もある。

二つ目の話はナポレオン・ボナパルトのものだ。冷徹な軍指導者として有名だったナポレオンだったが、一七九六年のカスティリオーネの戦いのあと、戦地で涙を流した。戦死した兵士の死体のそばで悲しむ犬に遭遇したのだ。犬は、悲しそうに鳴き、兵士の手を舐め、通りかかったナポレオンを引っ張り、主人の元へ連れていこうとした。

皇帝ナポレオンは、この様子に、深く感動し、長い遠征生活の中で心に残る出来事として書き残した。

これまでの戦地で起きたどの事件よりも、深く印象に残るものだった。犬を見ていた私は、視察中に足を止めた。その意味を考えるために。……気づいたのだ、この兵士は、故郷に友人もいただろう、連隊の中にも友人はいただろう。しかし、そこで横たわる彼は、誰からも見捨てられていた。犬をのぞいては。……これまで私は、なにも感じることなく、国々の行方を左右する戦争をしてきた。何千人も犠牲になると知りながら、血も涙もなく、命令を下してきた。だが、そのときの私は、心の底から動かされ、涙を流した。それは何によってか。たった一匹の犬の、哀しみによってだ。

44
死を乗り越えて

アフガニスタンでは、戦争による「死」が毎日のように起きる。軍と直接関係のない私たち民間人は、戦死者の数、名前、短すぎた人生をさらに凝縮した話を、見聞きする。そして、首をふり、悲劇のうちに失われた一人の命、あるいは多くの命を悼み、永遠に変わってしまったに違いない遺族の人生にも思いをはせ、心重く一日を過ごす。しかしその後は、いつもの生活を続ける。このような日々を何年も続けるうち、戦死者の名前も人生も一緒くたになり、場所も人も、とりわけ理由も、思い出すのが難しくなる。

それが軍用犬となると少し違う。戦闘に犬が加わっていた報道がされた場合、とくにその犬が悲劇的な最期を遂げたとなると、なぜか、簡単に忘れることができない。

アフガニスタンの戦争について詳しく知らなくても、戦死した軍用犬や、唯一無二の相棒を守った犬の話はずっと覚えている、という人に会うことが多い。もちろん、国のために命を捧げてくれた男性や女性にも深い哀悼の意を寄せるのだが、犬の忠誠心と献身には、何か特別なものがある。

★

黒いラブラドール・レトリバーで爆発物探知犬のエリは、アフガニスタンに派遣されたハンドラーのクロトン・ラスク海兵隊一等兵にとって、仕事でもプライベートでも大切な存在だった。ラスクは、エリと食事も寝床も分け合った。エリは体を伸ばして寝るので、ラスクはベッドの大部分を譲ることが多かった。

ラスクはそんなことをまったく気にしなかった。「俺のものは、彼のもの」とフェイスブックにも投稿している。家族に電話をかければ、エリの話ばかりだった。写真を送れば、必ずエリが写っていた。二〇歳の息子は独りぼっちではない、と思うとラスクの母親も心強かった。

二〇一〇年一二月六日、ラスクたちはヘルマンド州サンギン地区で任務についていた。当時、最も危険とされた地域だ。エリは、二つの爆弾を嗅ぎ出したところだった。コンビにとって幸先が良かった。

しかし銃撃戦が起き、ラスクは撃たれた。エリはハンドラーの元へ走っていった。海兵隊員たちによると、エリはラスクに覆いかぶさった。どう見ても、守ろうとしている行動だった。ラスクを戦闘地から運び出そうと駆け寄ったほかの海兵隊員たちに、エリは噛みつこうとした。実際、一人は噛みつかれた。

ラスクの人生にとってかけがえのない存在だった、このラブラドール・レトリバーも、ラスクの死に際して、簡単に相棒を諦められなかったのだ。

ラスクの死亡告示には、エリの名が遺族として最初に載った。

★

本当の絆は、一方通行ではない。犬は、自分を愛してくれるハンドラーを愛し、ハンドラーは自分を愛してくれる犬を愛し、愛は行き来する。犬が、死にゆくハンドラーを助けようとすることもあれば、ハンドラーが死にゆく犬を助けようともする。歌詞は違えどもメロディーは変わらぬ音楽のように。

ラスクが戦死した二週間後、海兵隊のウィリアム（「ビリー」）・クルース上等兵は、チョコレート色のラブラドール・レトリバーで爆弾探知犬のケインと一緒にパトロールに出た。ほかの隊員が無事に通行できるよう、道添いのＩＥＤを探す任務だった。しかし、ＩＥＤに先に見つかってしまった。

ヘリコプターが飛んできた。クルースは搬送されながら叫んだ。

「ケインを、ブラックホークに！」

彼はそのまま意識を失った。

クルースの最後の言葉となった。

重傷を負ったケインも、亡くなった。

★

ラックランド空軍基地の講堂では、ドッグ・プログラムを終了したハンドラーの卒業式が行われる。同じ場所所に、戦死したハンドラーの写真も飾られる。ラスクやクルースの遺影も、既に並んでいる。亡くなった順に飾られるのだ。彼らのあとにも、写真が続いている。

それらを見つつ、次の写真は誰になってしまうのか考えないようにしている自分に気付く。いま、証書をもらっている人が、もしかしたら次の写真になってしまうのか。しかし、それを考えてはいけない。それは間違った行為のように思える。軍用犬ハンドラーになれたことを、あんなに喜んでいる人たちなのだ。考えてはいけない。

だからもっといいことを考えよう。彼らが担当するのは、どの犬か。どのような絆を築くのか。基地に赴いて寒い夜は、一緒に寝袋で寝るのだろうか。危害を加えようとする者から守ってくれるのだろうか。ハンドラーたちは、心も体も耐え抜くことができるだろうか。そして犬たちも耐え抜くことができるのか。

45 トラウマを負ったあと

私はいま、ラックランド空軍基地の、二列になった引き取り用ケンネルの間の通路を歩いている。大きなケンネルはどこもそうだが、犬たちは狂ったように興奮している。一斉に始まった吠え声の不協和音に、耳栓を勧めてくれた人の忠告を聞いておけばよかったと思う。数匹の犬は、法悦したようにくるくる回る。ほかの犬は、左右に走る。そのとき、私はバックP027に会った。

バックは、チョコレート色のラブラドールだ。ラブラドールといえば、普通は、やんちゃで幸せいっぱいの犬だ。ほかの犬と同じように、吠えたてるだろうと思っていた。しかしバックは、自分のケンネルの奥で小さく丸まっている。エネルギー溢れるほかの犬たちの中で、唯一、落ちつきのある犬にも思える。しかしバックの目も、態度も、哀しげだ。頭を持ち上げもせず、まばたきもせずじっと見てきて、またどこか遠くを見てしまう。何かに集中している様子はない。

バックは、海兵隊のIED探知犬としてアフガニスタンに派遣されていた。しかし、ケンネルを案内してくれた男の話によると「爆音にさらされすぎた」のだろう。バックは犬のPTSD［心的外傷後ストレス障害］と診断された。治療の効果も見られなかったため、明日、バックを引き取りたがっている家族が迎えに来るらしい。これからは民間の犬となる。

可哀想なバックに出会った一か月後、彼を引き取ったラリー・サージェントと妻のリネットが、近況を知らせてくれた。「もう大好きで仕方ない。バックが遊んでいるのを見ると、子犬だったころが想像できる」とサン・アントニオで牧師を務めるラリーは言う。「でも、まだ分からないところも多い」。バックはラリーから離れるのを嫌がり、人が訪ねてくるときなど、落ち着きをなくし、ときには、リードにつながなければならない。その後、ラックランドの動物病院を訪れた際、バックは「完全に凍り付いた」らしい。制服を来た兵隊に会ったのだ。「ただ伏せてしまった。おやつをくれようとしたのに、もらおうともしなかった」。兵隊たちが立ち去って初めて、バックも動くことができた。

動物病院での一件で、戦争を思い出したのではないか、とサージェント達は考えている。もしかしたら、バックを溺愛する夫婦との静かな生活が終わりで、また戦争に戻ると、思ってしまったのかもしれない。「だとしたら、心が張り裂けそう」とリネットも話す。

二〇一一年の初めまで、犬にもPTSDがあるとは認められていなかった。しかし、その数年前に、ラックランドのダニエル・E・ホランド軍用犬病院で、行動医学と軍用犬の研究をおこなう獣医ウォルター・バーグハートも、派遣先から帰ってきた犬が明らかなPTSD症状を示すことを確認した。彼は、同院の院長で放射線技師の同僚ケリー・マンとともにアンケートを作成し、ハンドラーがPTSDと思しき症状を発見できるようにした。それから二年、データを収集しつつ、ほかの問題を抱える犬（たとえば雷を怖がる犬や、事件直後にみられる短期間の不安を抱える犬）を除外して、得た結果は次のようになった。帰国する犬の五％は、ＰＴＳＤと診断できる症状を抱えている、と。

バーグハートは二〇一一年一月、パネル・ミーティングを開いた。三〇人を超える一流の研究者や専門家が集まる、犬にＰＴＳＤを認めるかどうかの会議だった。結果、一部の犬には確かにＰＴＳＤが起きうるという合意文章が採択された。

パネル・メンバーで議論されたのは、ＰＴＳＤという言葉を使うかどうかということだった。国のために従軍し、やはりＰＴＳＤと診断された人の中には犬と同じ病名をつけられることに、侮辱を感じる人もいるかもしれないからだ。その問題を少しでも軽減するために、公式に犬のＰＴＳＤ（canine PTSD）と呼ぶことが決まった。

犬のＰＴＳＤ症状には、過度の警戒心、過剰な警戒反応、逃亡や逃避の欲求、ひきこもり、ハンドラーとの関係の変化、訓練済のタスク遂行困難（爆弾探知犬なのに、爆弾を嗅ぎだすことに集中できない、等）が含まれる。人間のＰＴＳＤ症状のバージョン違いと言える。

バーグハートはＰＴＳＤの名前は、誤った部分があるという。ストレスではなく、「ディストレス、つまり薬が効かないもの」の方が適切だという。そして人間のＰＴＳＤ同様、犬のＰＴＳＤの引き金となるものも、多岐にわたる。ある犬が負担に感じることを、ほかの犬は問題にしないこともある。人間でも、同じ出来事に対する反応が異なるように、同じ出来事をやりすごすことができる犬もいれば、参ってしまう犬もいる。

ラブラドールのような猟犬は、ジャーマン・シェパードやマリノワといった伝統的なデュアル・パーパス・ドッグより、PTSDを起こしやすいらしい。バーグハートも理由が分からないので、マンとともに率いるラックランドの小さなチームで、原因を探ろうとしている。彼らは、犬のPTSDに関するほかの不明点も研究している。例えば予防法や、最善の治療法などだ。現状としては、PTSDと診断された軍用犬は、任務を解かれ、薬物など様々な療法を受ける。震えたり隠れたりする犬は、抗不安剤が処方されるだろう。ひきこもりがちな犬は、抗うつ剤を処方されることになる。

今のところ、治癒率は素晴らしいとは言えない。治療を受けた軍用犬のうち、四分の一は元の任務に戻る。四分の一は、よりストレスの少ない仕事に変えられる。派遣は問題外だ。四分の一は、三か月から六か月にわたる長期的な治療が必要となってくる。

そして最後の二五%は、仕事を続けられず退役することになる。状態によっては警察犬になることもあるし、バックのように家族か個人に引き取られることもある。バーグハートとマンは、バックのような犬を研究し、なにがいけなかったのか調べようとしている。また一方で、想像を絶する苦境を経験しながら元気を失わずに仕事を続けられる犬についても調べている。

地獄のような状況に置かれた犬。バーグハートが、いくつかの事例について説明するのを聞きながら、私はフェンジに思いをはせた。

46 センパーファイ、誇り高き戦士

爆音を聞いたロセンド・メサ海兵隊三等軍曹は、すぐに顔を上げ、爆発物処理の仲間を探した。何を目にすることになるのか、一瞬恐怖がよぎる。解体中にIEDが爆発し、別の仲間を失ったのは、つい先週のことだ。

しかし、仲間の技師は、その日の朝フェンジが見つけた四つの爆弾のうち、一つ目の解体を続けていて、大丈夫だった。そのとき、二人は見た。一〇〇メートルほど先に、黒い煙が立ち上っている。最後にマックス・ドナヒュー伍長を見た場所だ。彼は敵兵の急襲にそなえて、地面に腹ばいになり、ライフルを構えていた。数フィート離れたところに、リードでつながれたフェンジもいたはずだ。

爆発が起きたとき、駆けつけて怪我人の手当てをし、応急処置を施し、IEDの調査をするのも、爆発物処理技師の仕事だ。ほかの海兵隊は、動けない。任務を遂行するため、そして技師たちを守りいつでも射撃できるように、警戒態勢を解けないのだ。メサは、パートナーとともに、煙に向かって全力で走った。ドナヒューがいた場所に、穴が開いている。近くではフェンジが倒れ、耳から血を流している。立ち上がれないようだ。

爆発の穴から一〇メートル離れたところにドナヒューはいた。左脚は腿からなく、右脚は膝下をなくし、血の海の中、仰向けに倒れていた。まばたきはしている。しかし、何が起きたか分かっていないだろうとメサは思った。メサは何年も、爆発による負傷を見てきた。体を痛めつけるのは、火の力だけではない。空気そのものが爆風となって襲ってくる。頭蓋骨の中で大震動が起きるようなものなのだ。もちろん、一番衝撃を受けるのは防弾チョッキではあるが、今回の爆弾は、鉄の容器に包まれ三〇センチの深さに埋められた、四・五キログラムもの硝酸アンモニウムとアルミニウムだ。

ドナヒューは、爆弾の真上に腹ばいになっていたのだ。絶好の見張り場所だったからだ。爆弾が起爆したのも偶然ではなかった。ほかの技師たちがドナヒューの手当てをする間、メサは爆弾から伸びているコードを見つけ、二〇〇メートルほど南にある村に続いているのを発見した。コードは土の下に、乱暴に埋められていた。メサは村まで行く必要はなかった。どういう爆弾か、はっきり分かったからだ。コマンド・ワイヤー・IEDと呼ばれるもので、コードの先を握っている敵兵がタイミングを見計らい、コードの反対側のスイッチをいれれば起爆する。

どんなに優秀な海兵隊員でも、優れた軍用犬でも、すべての爆弾を見つけることはできない。直感が外れることもある。嗅ぎ取るに十分な匂いの分子が飛んでいないこともある。ただ疲れていただけかもしれない。勘違いもある。どうしても起きてしまうものがある。誰のせいでもない。

爆発物処理技師たちが、ドナヒューに止血帯をつけて大量出血を止めたとき、海兵隊は銃撃された。技師たちは二人がかりで、ドナヒューをかついだ。足首をひねった友人を運ぶ態勢だ。離さないようにしっかりかつぎ、命がけで走り出した。衛生兵（みなから「ドック」と呼ばれている）があとに続き、三〇〇メートルほど走ったところで、ヘルマンド川の支流にやってきた。ここなら渡れそうだ。ドナヒューをおろすと、衛生兵は、重傷を負っている腹部の手当てを始めた。完全武装していても、怪我を免れなかった。

その間、技師たちは川を渡る。幅は九メートルほどで、深さも膝までしかない。対岸に着くと、金属探知機を取り出し、ブラックホークが着陸できそうなところまで、安全確認をした。爆弾がないか調べ終えると、再び走って戻り、ドナヒューをかついで川を渡った。岩だらけで滑りやすく、簡単なことではない。技師たちは、大きくひらけた場所までドナヒューを運ぶと、ヘリコプターのパイロットが見つけやすいように、赤のスモークマーカーを置いた。このときも、銃撃が続いていた。ブラックホークは煙と埃の中、舞い降りてきた。数分後、マックス・ドナヒュー伍長は、地獄から運び出された。

★

その夜、医師たちはドナヒューの片腕を切断しなければならなかった。負傷の話を聞かされてから、気が気ではなかったドナヒューの母親ジュリー・シュロックだったが、息子が命を取りとめたことに慰めを見出していた。両脚と片腕をなくしても、充実した人生を送れる者がいるとしたら、それは息子だろうと。

「またすぐに冗談でも飛ばして、看護婦さんたちにふざけて声をかけられるようになるでしょう。同じような目に遭った人たちを元気づける存在になるわ」

しかし二〇一〇年八月六日の朝四時半（爆発から二日後）、ドイツのラントシュトゥールの軍病院から電話がかかってきた。マックスは脳死と判定されたのだ。「それを聞いたときの張り裂けるような痛みは、言葉にならない」とドナヒューの母親は話す。「せめて私がそばにいてあげられたら。一人きりにさせずに済んだのに」。ドナヒューは臓器提供を希望していたので、一日延命すると聞かされた。そのため、ドナヒューの正式な死亡日は八月七日である。

翌日、シュロック宛てに、ある郵便小包が届いた。息子マックスからだった。アフガニスタンで撮った写真や動画を収めたDVDだった。家族はキッチンテーブルにノートパソコンを出して、残らず見た。最後の一枚は、完全武装し、ライフルを持って砂漠に一人で立つ姿だった。そこには、こう書いてあった。

「もう少ししたら帰る。みんなに会いたいよ」

★

生前も、死んでからも、ドナヒューは人を助け続けた。彼の死によって、ヨーロッパでは三人の命が救われた。彼の肝臓は、肝不全の三四歳の男性に渡った。右の腎臓は、移植を一〇年以上待ち続けた六七歳男性の腎臓になった。一四歳の少年は、ドナヒューの左の腎臓のおかげで、新しい人生を歩み始めることができた。

誰からも好かれていた仲間の死を悼む、海兵隊のドッグ・ハンドラーたち。この本に登場する海兵隊員マックス・ドナヒューだ。©MARINE PHOTO BY CORPORAL SKYLER TOOKER

★

デンバーで、ドナヒューの棺がゆっくりと飛行機から降りてくると、青い制服を着た六人の海兵隊が、一斉に敬礼をした。棺の持ち手に、息子のドッグ・タグ〔認識票〕がついているのをシュロックは見つけた。タグは無傷だったのに、息子はずたずたになり、今は永遠の眠りについている。そう思うと苦しく、怒りも感じたが、ほとんど何も考えられないまま過ごした。

八月一三日、ドナヒューの葬式にはたくさんの人が集まった。彼の父親が送辞を述べた。

「弱い者のために立ち上がったり、困っている人を助けたり、お前のそういうところが、大好きだった。いじめっ子は、大嫌いだったね。相手がどんなに大きくても平然と向かっていった。相手もマックス・ドナヒューと喧嘩になったら大変だということを知っていた。子どものときから、年下の子どもたちはみんなお前のあとをついて歩いたね。安心できたんだろう。お前といれば、誰からも、何からも、傷つけられることはない、と。お前は、みんなのヒーローだった」

「……お前と会えなくなるなんて寂しい。お前の笑い声も、情熱も、優しさも、命を大切にするところも、大好きだ。名前の通り『マックス（最大限）』まで生きたと思う。私たちみんな、お前を愛している。そして、母国のために勇敢に戦ったことを、誇りに思っている。私は父親としてお前を失望させたことがあるに違いない。でもお前は息子として、私を失望させたことなど一度もなかった。お前は、私にとって英雄だよ。ゴッド・ブレス・ユー、マックス」

47
生命のサイクル

陸軍でも海軍でも、空軍でも海兵隊でも、戦時に軍隊にいた者はみな、喪失や勝利、別れや悲劇を経験し、切っても切れない絆を結ぶ。しかし軍用犬とハンドラーは、それらを倍の重みで体験する。理由は、自分が二人いるようなものだからだ。隊の中で組んだ小隊だ。自分たちだけのドラマがあり、何かを失うときも、何かに喜ぶときも、互いに同じものを失ったり得たりする。

相棒がいるから強くなれる反面、弱くなる部分もある。どちらが何をしても、相手に影響を与える。片方が怪我をすれば、もう片方は何もできない。任務も中断しなければならない。相手がいなければ自分も機能しない。相手がいないときは一人で働くことは許されない。事態が深刻だと、哀しみつつ別の相棒と組み、再び何か月もかけて絆を作り上げ、訓練を積み、絆を日々強固なものにしていく。新しい始まりというわけだ。

手足や、ときには命を失うと、コンビは解消になるが、軍用犬の世界ではもともと、人と犬の絆は、定期的に結ばされては壊される。犬の派遣が急務で、ハンドラーの準備ができない場合、犬は別のハンドラーと出発する。ハンドラーの赴任基地が変われば、犬はついていけない場合が多い。

だから、出会っては別れ、関係を始めては終えるという、無限のサイクルに身を任せることになる。ハンドラーと軍用犬という小さな世界も、背景にある戦争という大きな世界も、出会いと別れ、生と死が繰り返される。

これが意味することを考えたとき、犬がただの装備以上の、大きな存在であることがはっきり分かる。だから、考えさせられるのだ。犬も、手足や命を失う危険と隣合わせで戦地に向かう。では任務を遂行できなくなったとき、どうするべきか。そのときの処遇は「装備」に相応するべきか、それとも一緒に戦った戦友として扱うべきか。

様々な疑問を巻き起こす、問いかけであり、論争に発展するものもある。人類最良の友は、なんらかの権利を有するのか、ただ同情を寄せるだけでいいのか。軍用犬たちに、ふさわしい処遇とはなんだろう。何をするのが正しいのだろうか。

★

一九九〇年代半ば、ジョン・エングストロム陸軍三等軍曹は、マックスP333と、パナマ運河近くの深いジャングルの中を毎夜長時間パトロールし、深い友情を築いた。外国で毎晩一〇キロも一緒に歩けば、絆作りも難しくない。同じ地に海外派遣された人間もそうであるように。エングストロムは、ロングヘアのシェパード犬マックスと、あたりを警戒しながら、政治について人生について語り合った。実際には片方だけが喋っていたが、エングストロムにとって関係なかった。エングストロムがとくに強調したいことを話すと、マックスも真剣に見つめてきて、話を聞いた。

マックスのおかげで、エングストロムは、ジャングルに無数にいた巨大グモのことを考えずにすんだ。ネズミを怖がるゾウの話ではないが、八八キロの巨体の持ち主エングストロムは、小さなクモが大嫌いだった。しかし、ジャングルはクモだらけだ。ある日のパトロールで、マックスが警戒反応を示したので、その人物を探し、エングストロムは運河添いを腹ばいになって進むことになった。するとエングストロムはマダニ［クモの親戚で吸血性］に体中を覆われた。彼らはすぐにエングストロムを噛み始めた。何時間も経ってようやく病院でダニの除去をしてもらえたが、ダニたちは既にエングストロムの血を吸って、丸く柔らかくなっていた。長時間のパトロールに出れば、必ずクモを近づけることにはなるのだが、マックスのおかげでクモのことばかり考えずにすんだのだ。

必要とあれば、マックスは攻撃もできる相棒だった。ハンドラーたちが言うところの「本当の犬」だ。敵がいれば、迷わず、強く噛むことができた。そんなマックスも、エングストロムの妻にはデレデレだった。最初こそ、威厳ある犬として品良く振る舞うのだが、優しくされると三〇秒で「しっぽをぶんぶん振るのでお尻が揺れるほどだったし、耳も幸せそうにだらしなく後ろに垂れ下がった」。マックスは、最高の治療を受けているにもかかわらず、いつも耳の感染症を患っていたので、エングストロムの妻がちょうど良い具合に耳をかいてやった。すると、普段は兵器のような犬が、子猫のように喉を鳴らすのだった。

一九九五年の初頭、エングストロムはマックスに別れを告げた。それぞれ新しい相棒と組むことになったのだ。同年、米軍がパナマを引き上げることになり、エングストロムもパナマを出国した。しかしマックスを忘れたことはなかった。

アメリカに戻ったエングストロムは、最終的にラックランド空軍基地に赴任した。全軍の新米ハンドラーに、軍用犬との仕事を教えるのが、彼の仕事になった。その一環で、基地の案内も行った。そして一九九七年六月。いつものように、小さな班を率いて犬の病院を見学していたときだった。解剖室で何かがおこなわれていた。

軍用犬の解剖は、ドラマでみるような、穏やかなものではない。壁の磁石テープには、肉屋のように大きい順にナイフが並ぶ。解剖台の足元のトレイには、小さいナイフやペンチのような器具が、何十組も光を放って並ぶ。止血鉗子やピンセット、鉗搾子、肋骨切断具、スチール製のトンカチなどだ。洗面台やバットに、体液や切除した体の部分が入れられる。解剖だけのことを考えた作業だ。犬は死んだとき、棺の蓋を閉めたまま葬儀するので、犬の体は、切り開かれる際、あらゆる部位や内臓が、あちこちにぶら下がって、考えたくもない姿になる。頭だけ、原形をとどめることはある。そうでないこともある。

エングストロムは、解剖室のドアを開け、生徒たちを中に入れた。台の上には、既に切り刻まれた犬がいた。かつて、誰かの相棒だった犬だ。その瞬間、エングストロムは見てしまった。あの頭。ブリーダーが彫った、変わったキリル文字のタトゥー。もう一つのタトゥーが入った、もう一つの耳。感染症の薬を何度も塗りこんだ、あの耳だ。

マックスだ。

そのあとのことを、エングストロムは覚えていない。覚えているのは、ショックを受けたこと。何も考えられず、吐きそうだったこと。自分の体にも大きな穴があいたようだった。「あいつを、切って開いたんだ」。その後、帰宅した。いや、帰宅しなかったかもしれない。本当に覚えていない。悪夢のような光景を見てしまったあとの記憶は曖昧だ。親友の、あんな姿なんて見たくない。見るべきじゃない。と、エングストロムは話す。そのとき目に映ったものと、その後の強烈なショックを、思い出さないようになるまで何か月もかかった。エングストロムは、なぜマックスがわずか八歳で安楽死させられたのか、探ったことはない。確かに、腰骨に問題は抱えていたようだが、本当の理由を聞けないでいる。

48

もっとも酷い形の、動物虐待

軍用犬が入隊中に死ぬと、必ず解剖される。病気でも症状が表に出るとは限らないからだ。軍用犬たちは、働く意欲があまりに強いため、深刻な病気でも分からないことが多い。がんなど病気がこれほど進行した状態で仕事を続けていたのかと、死んだあと解剖台の上でやっと分かり、驚くことになる。

「ロビー法」と呼ばれる新法が二〇〇〇年に可決されるまで、人を噛むように訓練された犬は、一般の家庭には引き取り不可能とされていた。リスクが大きすぎると考えられていたのだ。軍以外の法執行機関の使役犬になることはあったが、多くは安楽死させられていた。

二〇〇〇年より前は、国防総省の決まりで、ほかの使役犬にならなかった場合、すべての軍用犬が安楽死させられていた、と多くの人は思い込んでいる。軍用犬の世界でも、そう思っている人は多い。しかし、実際は違った。攻撃の訓練を受けなかった犬は、引き取られるのが通常だったようだ。一九八三年から一九九九年までに一般家庭に引き取られた軍用犬の一覧表をラックランドで見せてもらったら、一九二頭いた。ビーグルもいれば、ラブラドール・レトリバーもいる。

ケアーン・テリアの名前もあった。しかしほとんどがベルジアン・マリノワか、ジャーマン・シェパードである。おそらく、国防総省が購入したものの、訓練に合格しなかった犬がほとんどだろう。彼らは人が好きで、戦うのが嫌いだったに違いない。不思議なのが、役目として「パトロール」や「パトロール・爆発物」と書いてある犬もいることだ。あまりに年老いて、体が弱り、危害を加えることはありえないと見なされたのかもしれない。彼らの扱い方を熟知している、ハンドラーに引き取られた可能性もある。一七年間で二〇〇頭にも満たない引き取り数は、今日の壮大な引き取りプログラムと比べものにならないが、軍用犬引き取りの歴史においては注目すべき事実だ。

しかし噛む訓練を受けた軍用犬を安楽死させることが常習化していたことは、多くの人を激怒させた。ウィリアム・パットニーは、隊のために戦争で命を落とした犬を、多く見てきた。第二次大戦中、軍用犬の小隊を指揮したパットニー海兵隊大尉もその一人だ。「人間の都合で犬を利用し、使えなくなるや勝手に殺すとは、もっとも酷い形の動物虐待だ」と書いた文書は、ロビー法の審議で、議会に向けて読まれた。

パットニーは、戦地で犬たちが見せた勇気や忠誠心を忘れたことはない。何十年たっても、犬が成し遂げた偉業や、築いた絆を思い出すだけで、感動すると言う。

一九四四年、パットニーはパトロール隊を率いて、グアムに上陸していた日本軍を探していた。突然、銃音がして、キャピーという名のドーベルマンの胸に弾丸が命中した。その犬は、パットニーの前を歩いていた。キャピーがいなければ、弾はパットナムに当たっていた。ハンドラーは、取り乱した。「犬を抱きあげると、抱きしめたまま、顔中に犬の血を浴びながら、慟哭していた。……相棒を失ってしまったのだ」。これは二〇〇〇年、パットニーがワシントン・ポスト紙に語った言葉である。

第二次大戦から五〇年間、国防総省は軍用犬について、軍が最後まで責任を持つべきものと考えてきた。しかし海兵隊の主任獣医となったパットニーは、違った。「攻撃の訓練を受けたら、市民生活の中に安全に放てない、というのは間違っている」と彼は議会への手紙に書いている。

パットニーは経験上、軍用犬も問題なく家庭犬になれることを知っていた。第二次世界大戦が終わったとき、海兵隊には五五〇頭もの軍用犬がいて、みな攻撃訓練を受けていたが、「脱訓練」がうまくいかず殺されたのは四頭しかいなかった。ほかの犬はみな、引き取られた。彼が知る限り、引き取られた犬で、人を攻撃したり傷つけたりした犬はいない。ほかの軍でも同じ措置が取られ、同様の成果が得られた。

しかし、その教訓はベトナム戦争で忘れられてしまった。三八〇〇頭もの派遣された犬は、隊の護衛をし、ジャングルをパトロールし、急襲も地雷も予知し、何千人もの命を助けた。にもかかわらず、犬たちは、帰国させるには危険すぎるとみなされた。確かに、歩哨犬の多くは攻撃訓練を受けすぎたため、ハンドラーでさえコントロールすることが難しかった。

しかし歩哨犬は、軍用犬の一種にすぎなかった。偵察犬や、追跡犬もいた。それでも、帰国で

きたのは二〇〇頭ほどだ。犬の行動だけでなく、東南アジアの病気を持ち帰る心配もされたから
だが、その懸念は帰国後の検疫でぬぐえたはずだ。
ベトナム戦争時、ほとんどの犬は置いていかれたか、安楽死させられた。

★

私の友人シルビア・ストラットンの父ハロルド・トンプソンは、ベトナム戦争時の軍用犬を引き取ることができた、数少ない人物だ。彼はベトナム駐在時、ある偵察犬ハンドラーと友人になった。トンプソンは当時、軍曹だった。動物に好かれるタイプで、ジャーマン・シェパードのキングが懐く、数少ない一人だった。

ある日、キングのハンドラーは極秘任務のため、一人で出かけた。彼は地雷を踏み、下半身麻痺になってしまった。治療と療養のため直ちにアメリカに帰国しなければならなくなった彼は、医療上の理由でそのまま退役となった。

残されたキングを扱えるのはトンプソンだけになったため、トンプソンは毎日のようにケンネルを訪れ、散歩に連れだし、餌を与えた。やがて、キングはトンプソンの犬と認められるようになった。

任務を終えたトンプソンは、特例としてキングを伴って帰国するための申請をした。承認が下

りるまで、複雑な軍の手続きをいくつも経なければならなかった。ここでキングを連れて帰れなかったら、キングがアメリカに帰国する機会を二度と得られないとトンプソンは知っていた。ようやく、商用品としてキングをアメリカにもちかえることが許されたが、七〇〇ドルかかった。一九七〇年代初頭としては、大金だ。

キングは、トンプソンの家族と数年暮らし続けた。家族とは何の問題も起きなかった。しかし、来客時に、キングを訪問客から引き離すのが至難の業だった。とくに、ストラットンも彼女の兄も、友人が多かった。「ある日、忘れてしまって」とストラットンは話す。「恋人が訪ねて来たとき、キングは彼に真っすぐ向かっていった。彼がとっさに腕を上げたから、噛まれたのは腕だったけど、犬はまっすぐ喉を狙っていた」。このとき、犬を手放さなければならないと、家族は考えた。

家族は、元のハンドラーを探し出すことにした。その元ハンドラーは、近所に身寄りもなく、一人暮らしをしていたので、キングと再会できて大喜びだった。キングも、元ハンドラーの最高の相棒として、死ぬまでの数年を過ごすことができた。傷害事件の報告は、ほかにない。

国防総省が、軍用犬により良い退役人生を送らせられなかった理由も、分からないではない。ベトナムから帰還を許された数少ないキングさえ、完全に安心できる犬ではなかったのだ。しかし、いまや歩哨犬として訓練される犬も、かつての方法で訓練を受ける偵察犬もいない。パトロール犬は、はるかにコントロールしやすく、軍隊経験があってもすぐに親友として、一般家庭に入ることができる。二〇〇〇年は、軍の古くなりすぎた規律を新世紀に向けて改正すべき年だったのだ。

★

パットニーは、犬の相棒をベトナムに置き去りにしなければならず落胆した兵士を、あまりに多く見てきた。当時のハンドラーで、いまだに犬のことを話せない人は多い。苦しすぎるからだ。同じようなことが起きるのを防がねばならないと、パットニーは考えた。そして二〇〇〇年に、チャンスを得た。

米国下院議員のロスコー・G・バートレットは、星条旗新聞で軍用犬の末路を取り上げた記事を目にした。その中で、ロビーW005という軍用犬が登場した。デュアル・パーパス・ドッグの、ベルジアン・マリノワだ。重い関節炎を患い、前脚関節の形成不全のほか、背骨の痛みも抱えていた。軍用犬として働くのはおろか、ラックランド空軍基地でトレーニング・エイド（デスクワークのようなものだ）として働くのも無理だった。ハンドラーは引き取りたがっていたが、規律によってそれが阻止されていた。

バートレットは、事態の打開を誓った。動物保護団体や、世間一般からの支持も受け、法案H・R・5314（のちのロビー法）を提案した。国防総省が、引き取り可能と見なした犬すべてを、引き取り対象とする法案だった。引き取り後の責任は、新しい飼い主が負うというものだ。この法案を推した数多くの一人がパットニーだった。彼は、次のように書いた。

われわれの軍用犬は、英雄として敬意を払われるべきだ。実際、その通りの存在なのである。そしてすべての兵士がそうであるように、帰国したら愛をもって家庭に迎えられるべきである。入隊中は栄えある素晴らしい成果を残し、アメリカ国民の息子や娘を数えきれないほど怪我や死から救った。そのために、自らも怪我や死の危険に瀕した。ハンドラーに愛され可愛がられるだけのために。

犬たちは、何があろうと、私たちを見殺しにすることは決してない。私たちが年老いたからといって、衰弱したからといって、私たちを見捨てはしない。これほどの献身と愛を注いでくれる犬たちに対し、せめて、同じ気持ちを返したいではないか。感謝を示したいではないか。

支持を集めたバートレットは議会に法案を通すことができた。法案は満場一致で採択された。提案されたわずか二か月後に、ビル・クリントンはこれを法律とした。

この法律によって、何千という犬の命が救われることになる。この法律と同じ名前を有する犬ももちろん救われた。

49
楽しい隠居暮らしを

元空軍三等軍曹のジェイムズ・ベイリーが、ベルジアン・マリノワのロビーD131を連れて、ヴァージニア州リッチモンドの閑静な自宅の近所を散歩すると、人々の注目を集める。みな、「その犬が、ウサマ・ビンラディンを掴まえたの?」と知りたがる。ネイビー・シールズがビンラディンを殺害した際、マリノワ犬のカイロも作戦に極秘に参加していたと知られてから、ロビーもセレブの仲間入りをした。

ロビーは、ベイリーにとって初めての軍用犬だったが、ロビーはベテランで、既にイラクに二度、クウェートに一度派遣されていた。八歳のベテラン犬と、二一歳のベイリーは、出会ったときから旧友のようだった。軍用犬は、何度派遣されても、ハンドラーを変えられても、人懐こさは変わらない。

ロビーと新米ハンドラーのベイリーは、二〇〇八年一一月から六か月間、イラクのキャンプ・タジに派遣された。ロビーはベイリーを優しく指導する先生のようだった。

「最初の数週間は、ロビーがリードしてくれた。仕事の仕方は、ほとんど彼が教えてくれた。俺が新米だって『理解』していたんだろうね。だから最初のころは、時間をかけてくれていたように感じる。任務の後半期と比べると、探査をゆっくりやってくれた。でも、最後の方は息もぴったり。訓練中は大変だったことも、難なくクリアできた」

技術面以上に、ベテラン犬はベイリーをサポートしてくれた。「いつも、後ろから援護してくれていた。俺が大丈夫かどうか、かならず見ていてくれた。防衛が必要なときはもちろん、俺が落ち込んでいるときも、こっちに来て、顎を膝の上に乗せてくれた。俺の態度や仕草で気持ちが伝わったんだろうなぁ。俺の感情を読み取るのは、誰よりも鋭かった」。

このチームは、イラクの基地外で数多くの任務をこなしたあと、ノースカロライナ州シーモア・ジョンソン空軍基地に戻った。

二〇一〇年、ベイリーは再び海外派遣が決まったが、ロビーを連れて行けなかった。前回の派遣以来、背中を悪くしていたのだ。腰仙骨の疾患だ。犬の背骨の根元が骨盤にあたる部分で神経が圧迫される病気である。大型犬には珍しい病気ではない。しかし神経が圧迫されることで、悪くすると足腰が弱り、失禁につながることもある。ロビーの症状は比較的軽かったが、再び派遣できる状態ではなかった。

それはある意味、ベイリーを安堵させた。熟年の相棒は、無事に過ごせるのだ。ベイリーは四歳のジャーマン・シェパード犬のエイジャックスL523と、出発した。兵士のベイリーと兵士のエイジャックスは、絆を結んだが「ロビーと俺のような仲にはならなかった」とベイリーは話す。

「いつも、後ろから援護してくれていた」と、入隊して初めて組んだ軍用犬ロビー D131 について話す（元）空軍三等軍曹のジェイムズ・ベイリー。その後、彼はロビーを引き取った。
©JAMES BAILEY

六か月後、ベイリーは帰国した。ロビーは基地のケンネルでずっと暮らしていたが、友人を忘れてはいなかった。

「俺がケンネルの角を曲がると、耳を下げて、狂ったように尻尾を振った。俺が誰かはっきり覚えてくれていて、まぁ、最高だったね」

ロビーは今、一一歳で、顎周りの毛も白い。最近、新しい仕事を与えられた。退役したので、残された時間をベイリーと過ごす、それが仕事だ。ベイリーも、同時期に退役して、ロビーを引き取った。「ケンネルを出て、家族の一員になるって経験をさせてやろうと思っていた。最期を迎えるまでの数年だけでも、いい思いができるようにと思って」。

ベイリーたちは、一軒家に住んでいる。塀で囲われた裏庭があり、夢のような数の玩具に囲まれている。「我が家に迎えることができて、本当に素晴らしい。ロビーは僕の影、って呼びたいよ。僕が別の部屋に行けば、ロビーもついてくる。どこへでもついてくる。僕が家事をするときも伏せてじっと見ていてくれるし、僕が芝刈りをすれば、パティオに出て、寝そべっている」。

ロビーの寝床は、薄緑色の整形外科用ベッドである(何年も過ごしてきたケンネルのコンクリート床とは大違いだ)。ロビーの隣で寝るのは、シェルター出身で約三〇キロの雑種犬ガンナーだ。使役犬は入隊中、ほかの犬と遊ぶことが禁止されているので、ロビーにとってガンナーは初めての犬の友だちということになる。

「安全で快適な家をロビーに提供できるのは最高の気分だ。イラクでは、たくさんの人を守ってくれて、俺のことも守ってくれた。そのお返しができてすごくうれしい。俺やほかのハンドラーや、この国のために尽くしてくれたことへのお礼を生涯をかけて、したい」

しかしロビーが、病気によって耐えきれないほどの激痛に苦しめられるようになったら、どうするのか。ベイリーは、飼い主なら誰もしたくない決断を迫られるのだろう。ベイリーは一瞬、言葉に詰まり、深呼吸をした。「簡単なことじゃないけど、俺があいつを助ける番が来たって考える。そのときは、そばにいてやりたい」。家の壁には、ベイリーとロビーの写真がかかっている。ロビーの死後は、壁かガラスケースに思い出をいっぱい飾る予定だ。「そうすれば、亡くなっても、いつだってロビーの自慢ができるし、彼にふさわしい敬意を払える」。

最後に、ベイリーは一瞬だけ躊躇してからつけ加えた。言葉にすると変だけど……と前起きをし、あとを続けた。

「天国にいっても、いつかボール遊びができるって思いたい」

50 引き取りブーム

二〇一一年、ジョン・エングストロムはラックランドで新しい仕事に就いた。彼は、以前、解剖室で相棒に会ってしまった、元ハンドラーだ。マックスが生きていたころにこういう仕事があったらと、エングストロムは痛切に思っている。今は民間人の彼ではあるが、軍用犬引き取りプログラムの、まとめ役をしている。一九九七年のあの恐ろしい日から一巡したような、そんな仕事だ。

まとめ役になったのは二〇一一年三月だ。そのとき既に、軍用犬を引き取りたいという人たちはかなりいた。しかし二か月後、世界一有名なテロリスト制圧に犬がかかわっていたと知られてからは、大変な騒ぎになった。「五月一日以降、電話は鳴りっぱなしだ」と数か月経っても同じ状況だとエングストロムは言う。「誰もかれも、その人の兄弟も姉妹も叔母さんも、みんな軍用犬を欲しがっている」。

電話をかけてくる人の多くは、ビンラディン追跡にかかわっていたとされるカイロを欲しがる。ほかに軍用犬がいることすら知らないのではないかと、エングストロムは話す。

エングストロムは、電話をかけてくる人たちに、カイロについての一大ニュースを発表しなければならない（カイロはここにいないこと。カイロは引き取り対象ではないこと）。そして、ドッグ・スクールを落第した犬たちなら引き取り可能であることを伝える。その犬は、銃音が苦手な子かもしれない。軍用犬に必要な技術習得が遅かっただけかもしれない。いい犬だけど、理想的な軍用犬とは言えない、というだけだ。引き取りリストに載っている犬の多くは、トレーニング・エイド犬だ。海外派遣の経験はあるかもしれないし、ないかもしれないが、年老いたか衰弱したかで、仕事を続けることが困難になった犬である。派遣から戻ってきて間もない犬は、滅多に引き取り対象にならない。通常はハンドラーの誰かが、犬が引退する前から申請を出す。

犬たちについて、エングストロムが忘れずに伝えることは、家庭犬になる訓練を受けていないことである。ほかの面では、高度な訓練を受けた、良い血統の犬ではある。考えてもみてほしい。この犬たちは、生まれてからずっとケンネルで過ごしてきた。したいときに、したいことをしてきた犬たちなのだ。少数だがホテルに泊まったことがある犬もいて、そのときトイレトレーニングを受けた可能性はある。派遣中にテントで寝泊まりをしたことがある犬なら、用を足すにはテントの外に行ったほうがいい、くらいのことは分かっているかもしれない。しかしほとんどの犬は、ふつうの家の中に入ったことがない。

軍用犬は多くを学ぶが、トイレで用を足すことは、その中に含まれていない。ここで、我が家のジェイクを引き合いに出してみよう。ＩＥＤを嗅ぎ出すことはできないし、攻撃もできないが、家の床をトイレ代わりに使わないことだけは確かだ。しかし幸運にも、軍用犬は学習が速い。数回教えれば、もよおしたときにどうすべきか学ぶはずだ。

ラックランドの軍用犬引き取り企画はエングストロムに任せられているが、米国内外のほかの基地でも、軍用犬引き取りプログラムがある。引き取り時、その犬がドッグス・クールの訓練犬もしくはトレーニング・エイド犬としてラックランドにいないかぎり、あるいはラックランドの動物病院で診察を受けるのではないかぎり、犬はそのときいる基地から、直接引き取られることになる。

エングストロムは、犬を引き取りたいという人に、まず申請書を記入してもらい、住まいが遠い場合は最寄りの軍用犬ケンネルで引き取り対象の犬がいないか、連絡を取ってみるように勧める。実際、多くの人が、そうする。「みんな、アメリカのヒーローの手助けをしたいんだよ」と彼は言う。

一般人の場合（ハンドラーや警察等の法執行機関とは異なる、読者や私のような人）、ラックランドの軍用犬を引き取るまでには一八か月は待たねばならない。しかしビンラディンの話が昔話になったら、もっと早くなるかもしれない。優先されるのは、ハンドラーや法執行機関だ。あとは犬と状況による。ハンドラーが、以前の担当犬を引き取りたい場合、その犬は先にケンネルを出る。さらに六〇ほどの法執行機関も、褒められたがりの優秀な犬を求めて、引き取り希望を出している。彼らは、戦争の英雄を求めているわけではない。一般人からの引き取り希望は、ひと月に四〇件から五〇件寄せられる。一方、一か月で、訓練プログラムを落第する犬は一〇頭ほどしかない。だから希望者の方が多くなる。

ただし、引き取り希望者たちが、基準を満たすかは別問題だ。

エングストロムは、名乗りを上げた人たちから様々なことを聞きだす。その家庭が軍用犬の引き取りに向くか向かないかを判断するためだが、その判断基準は、決して漏らさないと彼に約束している。ただし、これだけは言える。軍用犬たちは、ペットとして引き取られていく。それ以上のものでも、もちろんそれ以下のものでもない。さらに詳しいことは、ここでは言えない。エングストロムなりの審査方法があるので、その妨げになるヒントを出すわけにはいかない。

しかしエングストロムも、軍用犬を引き取りたがる人たちのある種の特徴について、大いに話したいことがある。もちろん一部だが、よからぬことのために、攻撃的な犬を欲しがる人がいる。もう一方では、超能力で犬とつながっていると主張する人たちもいる。犬の方から、一緒になるべきだと再三お告げを受けた、その犬がどういう犬であろうと、どこにいようと、自分たちの直感は間違っていない、だから一八か月先といわず、今すぐその犬と会わせろと迫ってくるらしい。

★

引き取りケンネル内の吠え声は、熱狂的でけたたましいが、エングストロムの話していることは聞こえる。彼の声は、トレーナーやハンドラーが犬を褒めるときに使う、高くはしゃいだものだったり、もの静かで敬意をこめた真面目なものだったり、私たちが通り過ぎているケンネルの中の犬によって変わる。

「なんだい、そこのハンサムな、新人は！　ナイジェル！　ナーイジェーーール！！！　なんて深い毛色の、かっこいい犬なんだ！」

「こっちがボノ！　お前は、素晴らしい犬だぞ！　腰に変形性関節症があるんだ。かわいそうに」

「アスタ！　新しいパパとママが、今日迎えに来るぞ！　綺麗な犬だろう？」

「こいつはジェリーだ。ジェリーはほんと恰好いいぞ。愉快なことが大好きだ」

「ペッパー！　サン・アントニオの警察犬になるんだって！　その調子だ！」

私たちは、バックのケンネルの前で、足を止めた。PTSDに苦しむ犬だ。「もうちょっとの辛抱だぞ。お前のことをすごく愛している夫婦が、明日、引き取りにくるからな！」。

バックの隣がロニーだ。美しいジャーマン・シェパードだ。気高いたたずまいから、俊敏な反応まで、すべてがシェパード犬らしい。私は一目ぼれした。ロニーは、吠えていないが、丸まって寝てもいない。王様のように立っていた。タトゥーを見ると、R262だ。Rの年ということは、若い犬だ。二歳か三歳だろう。きっと、ドッグ・スクールを落第したに違いない。聞くと、雷への恐怖心が強いらしい。雷が鳴ると、ケンネルの側面を噛み、噛んだままケンネルをのぼっていくという。天井からぶらさがるまで、のぼるそうだ。私が住むサンフランシスコでは、雷はせいぜい年に一回程度だ。ロニーはそこまで苦しまないだろう。雷がめったにこないわが家で、ロニーがジェイクの隣でいびきをかいている姿が想像できた。しかし、引き取り申込書に記入したこともない私には、夢のまた夢だ。

ロニーの行く末が心配だったが、その時期のサン・アントニオに嵐は滅多にこないそうだ。とくに今年は干ばつがひどいので、大丈夫だろうと。ロニーがケンネルにいる間、雷がくる可能性はそれほどないと知り、少し安堵した。少なくとも、次に嵐が来たとき、ロニーは誰かに引き取られ、心地よい家で過ごしているに違いない。

その夜、空港まで運転していると、すさまじい嵐にあった。あまりにひどく、ほかの車と同じように、道路脇に車を止めなければいけなかったほどだ。雷雨の勢いは、胸まで響いてきた。ロニーは大丈夫だろうか。一八か月前に、申請書を書いておけばよかった。

★

それにしても、ロニーを引き取れたとして、わが家との相性は良かっただろうか。ロニーが、ジェイクに噛み付いたり、家族や友人に襲いかかったりすることがあっただろうか。私は、これ以上は探ろうとはしなかった。もし調べて、ロニーがクマのぬいぐるみのように可愛い性格だとしたら、よけいに切ない。ただでさえ、家に連れて帰りたくて仕方なかったのに、その気持ちがさらに強まってしまう。そして、連れて帰るのは、ありえないことなのだ。

犬が引き取り対象となった時点で、既に行動審査はクリアしている。さらに、パトロール訓練を受けたことがある犬ならば「バイト・マズル」テストというものを受けているはずだ。犬にどれだけの攻撃欲求がそなわっているか、はかるための試験だ。どういう状況下で、犬が何をするか、あるいはしないかを調べる、やや複雑なテストである。ラックランドにいない犬は、そのテストを録画したものをラックランドに送る。そして行動専門家が、犬の経歴と合わせ、安心できる犬か審査する。

試験で一〇〇点をとれなくても、引き取り対象となる。その点を考慮して、引き取り主を選んでいると、エングストロムは言う。噛むように訓練を受けた軍用犬は、退役してもほかの犬を噛もうとする傾向にある。彼らの社会性がそうさせるのかもしれない（あるいは社会性のなさ。軍用犬同士で交流することはない）。そういう犬種なのかもしれない。去勢されていないからかもしれない。理由はなんにせよ、ほかの犬に攻撃的な犬を、既に犬がいる家庭に出すようなことは、エングストロムはしない。苛立ちやすい犬は、子どものいる家庭には送らない。夫婦だけの世帯も、一人世帯も、犬を引き取りたいという家は多い。しかし、ほかの犬に対して攻撃性があまりに強すぎる犬は、やはり安楽死させられる。

ほかの犬への攻撃性は、軍用犬業界で働く者の多くが、変えたいと思っている事態だ。柵の中で、リードから離し、犬同士で遊ばせる時間を設けて、ほかの犬に慣れさせようとする者もいる。

注意深い監視が必要だが、多くの場合はうまくいく。「相手に慣れなければならない。ほかの犬を激しく攻撃するなんて、安全ではない。犬は、犬を相手に戦うものではない」とエイロッド［アントニオ・ロドリゲス空軍一等軍曹］は話す。

健康問題を抱えているという理由で、引き取り対象から外される犬はいないが、生存に苦痛しか伴わない場合は別で、外されてしまう。しかし末期症状が出ていても、苦しみはなく、存命期間もありそうな場合は、引き取り対象となる。犬に残された数か月、癒しと愛を与えたいと思う人は、あとを絶たない。

ロビー法が通るまで「事態はとても悲しいものだった」とエングストロムは話す。「働いてはいけないような犬も、仕事をしていた。そうするほかなかったからだ。ほとんどの臓器が不全なのに犬に仕事を続けてもらった。犬を死に追いやるには忍びなくて」。

翌日に派遣を控えた軍用犬に、トラヴィス空軍基地で会ったことがある。その犬は一二歳で、既に七回の派遣を経験していた。それほど年を重ねた犬が、まだ派遣されることに驚いた。しかしハンドラーたちによれば、派遣こそ、この犬を死から遠ざけているものだった。そのときのハンドラーとは組んでから数か月経ち、子猫のように懐いていたが、初対面のものは用心しなければならない。非常に獰猛な犬だった。

一二歳の犬がこれほどの力を残していることに、ハンドラーたちは舌を巻いたが、彼らの説はこうだ。働くことができなくなったら、死が待っていると、本人が分かっているのだろうと。みな、そうとしか説明できないと言った。「なぜか分からないけど、犬には分かるんだろう」。

現在の軍用犬の平均退役年齢は八・三歳だ。一部では、軍用犬を病気になる前に退役させ、ふつうの生活を楽しませるべきだと主張する人もいる。しかし国防総省の予算も厳しい。歳をとって関節が痛み出す前に少しでも楽しい時間を過ごさせるために、優秀な犬を簡単に手放したりはしないだろう。

二〇一〇年、国防総省は軍用犬を三〇四頭引き取り、三四頭を法執行機関に譲った。健康面では引き取り可能だった犬のうち八頭は、危険すぎると殺された。性格面で引き取り可能だった犬のうち一二頭は、抑えられない痛みに苛まれる重い病気を患っていたため、やはり安楽死させられた。

海外派遣先で退役した犬を、米国に帰国させれば、引き取り率も上がるのではないかと言う人もいる。そういう人は、犬がカブールの街中に置き去りにされると思っているかもしれないが、現実はそうではない。海外で働けなくなった犬の多くは、ドイツなど外国の米軍基地に送られる。その中で引き取り可能な犬は、引き取り手が現れるまで、基地に残る。米国内にいる人が引き取りを希望した場合、帰国のための費用はその人が負担する。

正式には、次のようになっている。納得できないが、今も犬は「装備」と見なされている。標準装備（濡れた鼻と尻尾を持たないタイプ）をもたず作戦に参加できないと見なされたら、母国には戻されない。海外で退役した場合には、初期の訓練を受けたはずのアメリカには戻れないのだ。彼らをアメリカに戻す費用は高く、不況によって縮小した軍事費ではまかなえない。帰国の費用を個人に負担してもらって、政府は払いたくないというわけだ。

軍用犬引取グループ「ミリタリー・ワーキング・ドッグ・アドプション」の設立者デビー・キャンドルは、これを受け入れがたい事実としている。「軍のヒーローである犬を、海外基地に派遣したのはアンクル・サム［米国］よ。彼らをアメリカ本土に帰してあげるのも、アンクル・サムの役目でしょう」「米軍の航空機は半分が空席になっている、犬たちを米国本土に運べない理由がない。引き取り手は、そこからの移送費用を払えばいい」。

キャンドルによると、多くの人が、見たこともない犬を、海外から引き取っている。情報をケンネル・マスターやハンドラーから得て、どうやって引き取れるかともに考えるのだ（キャンドルは、そういった場合のアドバイスや、アメリカ本土および海外の軍用犬ケンネルへの連絡先を、ウェブサイトに載せている）。時間も資金もかかる引き取りだ。移送には、場所と時期と犬の大きさにもよるが、四〇〇ドルから二〇〇〇ドルかかる。

海外基地に残された犬を、国家財政で本土に戻すためには、犬たちを「余剰の装備」ではなく「退役犬」と見なす必要がある、とキャンドルは話す。彼女の団体を含め、ほかの団体も、それを可能にするロビー法の修正案を出している。

「この犬たちはあたたかい家庭にふさわしい存在よ。海外にいるという理由だけでは私たちはあきらめないわ」

51 充実した余生

苦労を伴うのは、軍用犬を海外から引き取るときだけではない。私がラックランドで取材しているとき、イリノイ州の田舎から約一七〇〇キロも車を走らせ、犬を迎えにきた夫婦に会った。運の悪いことに、迎えに来る日が友人の結婚式とかさなってしまったが、「でも、何があろうと、来たさ」と、イリノイでパイプライン輸送の整備点検会社を経営するジェリー・セルフは話す。

セルフは二〇〇九年一二月、友人に動画サイトを紹介してもらい、軍用犬の良い引き取り先が必要とされていることを知った。すぐ、申し込み書類を提出した。すると二〇一一年の初めに、エングストロムから電話がかかってきて、セルフたちが提供しうる環境について聞かれた。そして、もうすぐ順番だとも知らされた。

私がセルフと妻カレンに会ったのは、ラックランド空軍基地の、エングストロムのデスクでだった。彼らはサン・アントニオで既に二日過ごしていた。二人はアスタを迎えに来ていた。この前、ケンネルで見かけた、美しい薄茶色のマリノワだ。夫婦は二日前に一度、相性がよさそうな犬を探しに訪れ、アスタに会った。最初、セルフは退役したジャーマン・シェパードが欲しいと思っていたが、彼もカレンもアスタを一目見て、この子だと思った。「私たちを見つめる目に、何かあってね」とセルフは話す。

アスタはまだ二歳だ。軍用犬の中で最も若いと言える。訓練もほとんど受けていない。背骨の末端の脊椎を割るという、怪我を負ってしまったのだ。手術はしたものの完治せず、プログラム続行はやめるべきだと、獣医たちに診断された。

セルフ夫婦はアスタと、引き取り部屋で対面し、そのまま車に連れていくつもりだった。しかしアスタの引き取りには、まだいくつかの承認を得なければいけないことが判明した。夫婦はサン・アントニオにあと一泊した。がっかりはしたが、受け入れていた。

「これだけ待ったんだ、あと一泊か二泊なんてなんでもないさ。これから私たちと、いい人生を過ごすんだよ」

★

セルフ夫妻とは、その後もずっと連絡をとった。アスタはイリノイ州ケイシーまで、車で移動したが、元気そのもので、怯える様子はなかったとジェリー・セルフはメールしてきた。休憩のために頻繁に車を止め、ホテルに泊まるときは、アスタはクレート［運搬用の犬小屋］を使った。事故もなく、吠えるような事態もなかったそうだ。

自宅に到着してからのアスタは、セルフの孫たちにも、もとから飼われていたチワワにも優しいと言う。ちなみにチワワは、新しく来たアスタを快く思っていないようだ。アスタはきっと、良いパトロール犬にはならなかっただろう、とセルフたちは思っている。

「いじわるなところが、ひとつもないんだ。愛されることが大好きで、うちならめいっぱいの愛情を注いであげられる」

アスタは、フリスビーが大好きとのことだ。一〇個以上ものフリスビーがアスタのものだが、アスタはそれらを追いかけては、タコスのように折り曲げ、くわえて元気に歩き回る。ジェリー・セルフがフリスビーを飛ばすと、歯型がつきすぎているため、グラグラ揺れながら飛ぶ。さらに、アスタはすべてをよだれだらけにする。そしてエネルギーにあふれている。「馬のように駆け回っていることがほとんど。……若くてやんちゃで、ソファから職場のインテリアまで、飛び跳ねては、いろいろ倒している」とセルフ。

年を経たセルフ夫婦からすると、アスタのために家の周りに柵を建てたが、その三三×二四メートルの柵内でアスタが駆けずり回っているとむしろもの足りないらしい。柵内には、芝生や大きな木が生えている。木々をリスが上り下りし、セルフたちが飼う三匹の家猫は日向ぼっこをしながら、新入りの家族を見守る。しかしアスタは、リスや猫にそれほど気を取られない。新しく発見した、この緑生い茂る牧歌的な土地を楽しんでいるのだ。アスタは怪我をしなければ、戦地に送られていただろう。その戦地からは想像ができないような遠い、遠い世界に、いまアスタはいる。

★

私はどうしてもジェイクを思い出してしまう。ジェイクも生まれた場所が違っていたら、軍用犬になっていたのだろうか。訓練の苦しみに耐え、ユマの苦しみに耐え、派遣の苦しみに耐えられただろうか。コングを手放したくないという強い欲求にかられるだろうか。コングのためなら何でもするだろうか。

軍用犬になれる精神力はある。忠誠心もある。気概もある。根気もある。するどい嗅覚もある。恐れを知らない。だが、そこまでの、やる気があるだろうか。褒美をもらうために、なんでもする気はあるだろうか。ジェイクは、咥えたコングもテニスボールも、あっさり人に渡してしまう。仕方ないと明るく手渡すことができるのは、ジェイクにとってコングも褒美としてそれほど魅力的でないことになるのだろうか。

食べ物ならどうだろう。ジェイクは、食べるために生きている（なんといっても、ジェイクはラブラドールだ。それ以上の説明は必要ない）。食べるためなら、どこまでも高みにのぼれるだろう。しかしドッグ・プログラム関係者も、犬のトレーナーたちも、餌を褒賞にする訓練を快く思わない。それにジェイクの場合、餌を必要とするあまり肥満になって、どのみち落第するだろう。

そもそもジェイクが軍用犬の候補になりうるかどうか以前の問題がある。私は軍用犬とそのハンドラーを尊敬しているし、この本を執筆するための調査を始めてから、より尊敬を深めた。そしてジェイクも軍用犬になれたか楽しく妄想することもあった。しかし、やはりジェイクには軍用犬になってほしくない。自分の愛犬を軍用犬にして危険に遭わせたいと本気で考える人がいるなんて、想像もできない。ハンドラー自身、軍のケンネルより、前線基地より、基地を出た戦闘地より、自宅の近くで軍用犬と一緒にいたいと願うらしい。

だからこそ、多くのハンドラーが、引き取りを希望するのだろう。

「この橋を渡る前に、ふつうの家庭でふつうの犬の生活を経験させたかった」と、あらゆるハンドラーが、その人なりの仕方で伝えてきた。違いは、言い方だろう。違う場だが何度も同じようなことを言われた。私たちには想像ができないが、戦争から離れ、武器の爆発から離れ、IEDやアドレナリンや熱から離れ、大きなコンクリートのケンネルから離れるのは、どのような気分だろう。心地よい家に住み、柔らかなベッドを与えられ、愛する家族に囲まれるのは、どのような気分だろう。きっと夢のようなことに違いない。

しかしジェイクが軍用犬だったら良かった、と思うことが一つだけある。年を取った今はとくにそうだ。犬も医療を必要とする。そして軍用犬が受ける医療ケアは、一般の私たちには到底支払えないほど、高額で一流だ。私が入っているペット保険など、原始的にすら見える。

52
お金で買える最高の医療

　タイタンN319はCTスキャナーに入っていく。前脚を宙にあげ、仰向けだ。円柱のスキャナーに入っていくと、赤いスキャナー光が、様々な曲線や直線を描きながらタイタンを照らしていく。前脚からお尻、そして尾まで、タイタンのすべてが入っていく。技師が横について、万事うまくいっていることを確かめる。部屋の外にはCTの専門家が集まっている。そのうち二人は動物の放射線医師であり、目の前のスクリーンに映し出される犬の内部の画像を見ている。犬はマリノワだ。画像は白黒で、この角度から見たとき、まるでトカゲを見ているようだ。

　これは最新鋭のCTスキャナーだが、麻酔を打たれているタイタンには分からないだろう（いや、麻酔を打たれていなくても分からないかもしれない）。ラックランド空軍基地内にあるダニエル・E・ホランド軍用犬病院はすべてが最先端だ。二〇〇八年に開業したこの病院はイラクで戦死した兵士の名前にちなんで名前がついた。一三〇〇万ドルかかったこの病院は、軍用犬が遭うであろうあらゆる問題に対し最高の医療を施す、独特の動物病院だ。問題が生じたとき、例えば今回のように犬のMRIを撮らなければならなくなり、軍用犬の病院では対応できなくなったら、ラックランド基地の人間用のメディカルセンターへ連れて行かれ、人間の診察がない時間に、犬のMRIを撮る。

今タイタンが使っている、動物病院が購入したCTスキャナーは、人間がかかる医療センターのものより性能がいい。タイタンは、前回の怪我の経過を調べられている。良好そうだ。私を案内してくれているケリー・マンが、先を急ごうと言った。マンは動物病院の放射線技師であり、院長でもある。

廊下を進み、検査や治療をおこなう滅菌室を過ぎると、水色の靴用カバーが入った箱があった。ケリーは私に、一足分のカバーをつけるように促し、自分もそのようにした。その後、暗く小さな部屋に入った。そこには大きな窓があり、最先端の手術の様子をうかがうことができる。二人の獣医（一人は韓国から来ている）と、二人の看護師が、患者を囲んでいる。手術用ドレープで見えにくいが、この大がかりな様子から、手術を受けているのが犬だと想像しにくい。犬の前脚がちらっと見えなければ人間の手術と思うだろう。この犬の手根骨（いわゆる手首）に問題があるらしく「関節固定」を受けるらしい。これで痛みはだいぶ和らぐはずだ。

手術後、この犬は、床暖房も完備している治療エリアに移る。回復に数週間かけたあとは、「リハビリルーム」に移る。肉体セラピー部門のエリアで、ここには犬専用の水中トレッドミル〔ランニングやウォーキングのための健康器具〕がある。水の中であれば、トレッドミルに乗ったときの犬の体重も大いに軽減され、負荷がかかるエクササイズにも耐えやすくなるというわけだ。これがリハビリ用エクササイズの第一歩となる。

　ここの病院に来れば、軍用犬は一流の専門家に診てもらえる。紹介されてくる病院なので、いろいろなところから軍用犬がやってくる。ケンネルがある基地の獣医施設は、通常ならなんの問題もない。しかし自分たちの力量、もしくは自分たちの施設では対応できない症状のときは、ここに犬たちを送る（この病院では、ＴＳＡや国境パトロールの犬も診察する）。

「これほど良い処置を施すのは、犬が『装備』だからこそなのだろう。この犬たちが前線で人間の命を守っているからなのだろう」と思う人はきっといる。「軍用機やライフル銃の手入れと似ている」と。それも一面の真理である。基本的には、すべての犬を健康に保ち、働ける状態を保つのが職務だ。ただし、ここに来る犬は、仕事に戻れないことが多い。ここにいるのは、健康上の理由で軍でのキャリアを終えようとしている犬がほとんどだ。軍用犬として働けなくなったからといって国防総省は、犬たちを見捨てることはない。それはとてもいいことだと思う。

「仮に具合の悪い犬を引き取ることになっても、彼らが静かに生涯を終われるように万全を尽くす」とマンは話す。「それが正しいことだからだ」。

★

病院のロビーからそう遠くないところに、解剖室がある。解剖室は、二つの解剖台を置けるほど広く、非常に複雑な作業に対応できる道具が一そろいある。ここは、エングストロムがマックスを見つけたところではない。あれは昔の病院での出来事だった。しかし、最高の治療を受けた軍用犬も亡くなることがある、と痛切に思い知らされる場所だ。そして軍用犬として死んだら、まず間違いなく、解剖される。

犬の死因を特定するためだけに、解剖をするのではない。そこから得られる知識でほかの犬の命が助かる。死亡した犬の体組織はジョイント・パソロジー・センター［軍のための病理学研究センター］に送られ、組織病理学研究のサンプルとして専門医に解析される。その結果はすべて集積され、記録が完成すると軍用犬医療記録保管庫へメールされる。犬の寿命末期のデータは疫学者が遡って検証し、軍用犬が起こしやすい病気はなにか、獣医に知らされる。軍獣医や、同じ病院で動物ケアの基礎コース、あるいは上級コースを受ける専門家に教えられる内容は最新のものになる。情報はすべて、起こりやすい問題として任務中の部隊に注意が喚起される。

解剖は良いことだが、解剖中の犬がどのような恰好になるか（哀れなエングストロムが垣間見てしまったような姿）を考えると、鳥肌が立つ。うちのジェイクにはあのようなことになってほしくない。ハンドラーのほとんどは、犬が安楽死させられるまで一緒にいることを選ぶが、解剖まではついていきたがらない。その姿が、あんまりだからだ。

★

軍用犬が亡くなり、その犬に幸運にもハンドラーがいたら（例えばトレーニング・エイド犬などはハンドラーがいない）、犬は忘れられることはない。解剖され、病理学者に送られなかった残りの遺体は火葬され、ハンドラーに渡る。解剖が行われた基地にもよるが、遺灰は、美しく彫り物のされた箱に入って返される。基地によっては、壁に犬の写真を飾り、そこに遺灰の入った箱を置くこともある。ほかの基地では、軍用犬のための墓地もある。

アマンダ・イングラハムは、シントとドイツに発つ前、フォート・マイヤーにレックスの遺灰を埋めた。彼女は、父親と一緒に十字架を作り、レックスの名前を深く刻んだ。きちんとした犬の追悼式を上げる時間がなかったが、帰国したらするつもりだ。しかし、そのときに、ハンドラーたちが必ず唱えている追悼の詩を自分が読むのを、イングラハムは嫌がっている。別の人に読んでもらうつもりだ。最後の数行は、絶対に読めないと分かっているからだ。

詩は、『ガーディアン・オブ・ザ・ナイト』というものである。軍用犬（もしくは警察犬、そのときどきのバージョンによる）とハンドラーの絆を、犬の目線で、詠んだものである。最後は、次に進まなければいけないこと、でも自分たちが無敵のコンビだったこと、もしまた会えたら、新しい場所で、何をしたいかを歌ったポエムだ。ここで、多くのハンドラーは泣き崩れる。偉大なポエムとはいえない。でも自分の犬を思い浮かべて読むと、耐えられない（この詩は、ハンドラー・コースの卒業式にも読まれるが、追悼式ほど強い感情をともなわない）。

軍用犬の追悼式でもう一つ、伝統とされていることがある。犬たちの食事用のボウルを逆さまに置く、というものだ。もう必要とされないことを意味している。カラーとリードも、思い出として飾られる。追悼式がケンネルで行われる場合は、その犬がいたケンネルのドアが開け放たれる。犬がもう戻らない、という印だ。

53 メダルとリボン

海兵隊員マーク・ヴィアリグ三等軍曹は、コンバット・トラッキング・ドッグのレックスのハンドラーとして、既に本書に登場しているが、レックスを担当する数年前に、別の犬がいた。デュアル・パーパス・ドッグで、体重が四〇キロもある巨大なマリノワ犬のダックB016だ。「素晴らしい犬だった」とヴィアリグは話す。深い絆で結ばれていた。ダックが現役で働いていたときは、数えきれないほどの爆弾を嗅ぎ出し、砲火を浴びても平然としていた。ヴィアリグとはアフガニスタンに派遣されたが、イラクには二回、タイにも派遣されたことがあった。

ヴィアリグは二〇〇六年に、当時一〇歳か一一歳だったダックを引き取ることができた。ヴィアリグは四年間従軍した後、一度、海兵隊を離れ予備役に入った（レックスと出会ったのは、予備役から再び現役に戻ったときだ）。そして妻と、生まれたばかりの娘、四頭の犬と一緒に、ユタ州の山奥で暮らし始めた。ウィーバー川の近くだ。フライフィッシングの聖地であり、退役犬の天国ともいえる。これまで働いてきたダックにふさわしい場所だ、とヴィアリグは友人たちに語った。

素晴らしい新生活が始まって一年ほど経ったある日のことだった。ダックが、外に出たとたん、倒れるのをヴィアリグの妻は見た。妻の叫び声を聞いて、ヴィアリグも飛んできたが、ダックの反応はなかった。そこでダックを抱きかかえて、ダックのために造り変えた、その名も「ダック・ルーム」に運び込んだ。ヴィアリグは胡坐をかいて床に座り、ダックの頭と上半身を腕で支えつつ、どこが具合が悪いのか調べようとした。突然、ダックはオオカミのように吠えた。それまで聞いたことがないような悲しい声だ。そしてそのまま、ヴィアリグの腕の中で、息を引き取った。

突然の出来事と、あまりに原始的な鳴き声に動揺したヴィアリグは、ダックを抱きながら、どれだけ愛しているか、どれほど大きな存在かを、語り続けたが、やがて、縦一・二メートル横一・八メートルの海兵隊の旗をかぶせてやった。

「俺のために、ずっと尽くしてくれた犬だ、それにふさわしい扱いをしたい」

すぐに、ほかの四頭の犬も集まってきた。ゴールデン・レトリバーと、ジャーマン・シェパードと、二頭のマリノワである。どの犬も、ヴィアリグが警察犬や民間会社向けに訓練していた、エネルギー溢れる使役犬で、生前のダックを尊敬していた。一緒に駆け回り、軽く噛み、追いかけっこをし、取っ組み合いもしたが、最後はダックを休ませるのであった。その犬たちが今、一頭残らず、旗をかけられたダックの体を、半円を描いて囲み、伏せた。寝たわけではない。落ち着いて注視し、伏せていた。二〇分もそうしていた。自立心旺盛なこの犬たちが、隣あって、伏せの体勢をとったことなどなかった。ましてやダックの横でなど、ありえなかった。

「偉大な犬に、敬意を払っていたんだ。犬たちを擬人化しているんじゃない。誰だって、あれを見たら分かるさ」

ヴィアリグは、ダックを川のそばに埋めることにした。釣り人たちも通るところである。ダックを知らない人も、そこに来たら、記憶にとどめてほしいと思った。すばらしい犬が眠っていると、分かってほしかった。ヴィアリグは、川を渡ったところにある木立の中に、深い穴を掘ると、ダックを埋めるために戻ってきた。体を海兵隊の旗で包み、四〇キロの巨体を抱えると、肩の後ろで担いだ。裏庭を通り、再び川を渡った。胸の高さまである川だ。ダックの体が濡れないようにしてやった。そしてダックをおろした。大きな木の下の、陰になっているところだ。

ヴィアリグは、ダックを墓穴におろし、埋めた。そして、ほかの動物たちが掘り起こさないように、川底の大きな石を運んできて載せた。彼は朝のうちに、ダックが軍のケンネルで使っていた名前のタグを、木にしばりつけていた。今はそこに、ダックが得た一三ものメダルやリボンをすべてつけた。実際には、ヴィアリグのものである。軍用犬はメダルやリボンをもらえないことになっているからだ。しかしそれらはヴィアリグがダックと組んでいるときに得たものであった。

ヴィアリグはその後、引っ越したが、今もダックが眠る山へ行っては、古くなったリボンを取り換えている。

54
メダルや切手は必要か

ダックがリボンをもらった方法は、ほかの犬と同じだ。それは正式なものではなく、その犬の近くにいて助けられた人たち、犬を尊敬する人たちが贈ったものだ。軍用犬に、国防総省からリボンやメダルが正式に授与されることはない。アメリカを代表する犬のヒーローたちは、隊の仲間の命を救い、その過程で怪我をすることもあるのに、その努力を正式に認めてもらえないのである。

犬が勲章や賞状をもらった、というニュースを聞くことはあるが、軍用犬の働きについてよく理解する上官が、その英雄さながらの資質や勇気、任務へのゆるぎない献身を称えたいと思って贈っているだけなのだ。だからそのような勲章にも、国防総省の印はない。例えば、ある元軍用犬ハンドラーは、犬がメリトリアスサービスメダル［アメリカの勲章、戦功章の一つ］や陸軍称揚章が授与されるのを見たことがあると話した。名誉戦傷賞や銀星賞を授与された犬もいる。授与式も、本物のように見える。しかし、これらはどれも正式なものではない。「良い気分になるためだけの賞」だと言うのはNPO米国軍用犬協会のロン・アイエロ会長だ。

アイエロたちの協会は軍用犬とそのハンドラーの援助を目的とした団体であり、過去数年は、軍用犬たちの活躍についてより正式な認知を得ようと活動している。そのような組織はまだ数少ない。国防総省は、少しも態度を変えない。

メダルや賞状は人間の隊員だけのためにあり、動物には与えられないというのが、国防総省の説明だ。確かに、犬と同じ賞を授与されたら嫌がる人間もいそうなことは、アイエロたちも理解できた。そこで犬のためだけの、特別なサービス・メダルを提案したが、それも通らなかった。アイエロたちは、「国防総省が軍用犬の働きに賞与を与えることにまったく関心がないのなら」と、最後に、協会が制定する米国軍用犬サービス・アワードを国防総省に正式に承認してほしいと頼んだ。その結果も、言わずもがなだろう。

しかし、自分たちの犬を、なんらかの形で認めてもらえることがハンドラーたちにとって大きなことだと理解していたアイエロたちは、米国軍用犬サービス・アワードを独自に創設した。陸上もしくは水上の任務で活躍した犬なら、どの犬でも受けられる賞だ。大きなブロンズ色のメダルで、リボンは赤と白と青だ。その犬専用の賞状も一緒に授与される。このアワードを与えられた犬はこれまで八〇頭ほどいる。ハンドラーたちも、犬をこのような形で認められて喜ぶ者が多い。

軍用犬の活躍を、なんらかの形で、公式に承認したいという動きは、軍の中にもある。二〇一一年、当時アフガニスタンで軍用犬作戦のトップに立っていたスコット・トンプソン最先任上等上級兵曹は、ラックランド空軍基地で開かれる二年に一度の会議で、軍用犬たちに絶対にメダルを授与すべきとスピーチをおこなった。

「一部の退役軍人たちに言わせると、犬にメダルを与えると人間の面目がつぶれるらしいが、そういう考えではいけない。ほとんどの司令官は、名誉戦傷賞を自分の犬にあげているが、正式に授与するとしたら同じ賞でなくていい。それに値する活躍を犬がしていることは、誰もが認めることだろう。犬の働きをしっかり認知する法律があるべきなんだ。そして私たちは、彼らに敬意を払うべきだ」

★

むかし、むかし。殊勲十字章と名誉戦傷賞と銀星賞を授与されたジャーマン・シェパードのミックス犬がいた。名前をチップスといった。第二次世界大戦中におこなった数々の勇気と忠誠心溢れる行動を称えてのことだ。ある出来事が、この犬のすべてを物語っている。一九四三年七月一〇日の早朝、空はまだ暗かった。軍用犬チップスは、ハンドラーのジョン・P・ローウェルとシチリア島の海岸に派遣されていた。彼らは突然、カモフラージュされていたトーチカ［防護陣地］から機関銃の砲火を浴びた。マイケル・レミッシュはそのときのことを"War Dogs"（前出）で著している。

その瞬間、チップスはローウェルから走り去り、リードを後ろになびかせながら、全力で小屋の中に駆け込んだ。しばらくして、機関銃が止まり、イタリア兵が出てきたが、チップスはその男の腕や喉を、ひっかき、噛みついていた。後ろから三人の兵士が、降参し両手を挙げながら出てきた。ローウェルは、チップスに離すように命令し、四人の兵士を捕虜にしたが、トーチカの中で一体何が起きたのか。イタリア兵たちしか分からない。あとはもちろんチップスだ。チップスは頭皮に軽い怪我を負い、火薬でやけどしたあとがあったので、兵士たちはリボルバーでチップスを撃とうとしたはずであり、小屋の中で壮絶な戦いが繰り広げられていたに違いない。しかし突然の降伏だった。チップスがたった一匹で降伏させたのだ。

その夜、チップスは一〇人のイタリア兵士の接近も警告した。そのおかげで、ローウェルは全員を捕虜にすることができた。チップスはその勇気を称えられ、高い賞を与えられた。しかし当時の戦傷賞の権限者であったウィリアム・トマスは、感心しなかった。「この賞がつくられた誇り高く、気高い目的を損なうものである」として、当時のアメリカ陸軍省はチップスに贈られた賞を無効にした。そしてメダルは返還された。

翌年、J・A・ユリオ少将は「人間以外、つまり人ではないものへの陸軍省の勲章は禁止されている」と判断した（「人ではない」と明記しているくだりが腹立たしい）。しかし同時に「もし動物による際立った活躍を認めたい場合、隊の一般守則の中で適宜に表彰するのは認められる」

とした。

後半のくだりが、軍用犬のための正式なメダルや賞の可能性を残した。

それから、七〇年が経っている。

だから、もし自分の犬に名誉戦傷賞を授けたいとしたら、こうなる。

空軍のブレント・オルソン三等軍曹は、アフガニスタンでブレックとともに爆発に巻き込まれ（37章の話だ）、名誉戦傷賞と陸軍称揚章を贈られた。ブレックは何ももらえなかった。オルソンは、ブレックの功績をみなに認めてもらうべきと考え、別のメダルの授与式で、つけていた名誉戦傷賞を外し、かがみこんで、ブレックのハーネスにつけた。

「みんな『あぁ、いいねぇ』って感じだったよ」とオルソンは話す。「でも俺は言いたかったんだ。犬も、兵隊だ。このために、人生を捧げてくれたんだ。もちろん、犬としては遊んでもらえるから、楽しいこともあるから、やるんだけどさ。でも、理由なんて関係ない。こんなに尽くしてくれて、たくさんの命を助けている。正式に認めてもらえないなんて、あんまりじゃないか」。

★

メダルがだめなら、切手はどうだろう。毎年、様々な絵柄の切手が発売される。二〇一二年に発売されたものを見ると、旗の切手、おなじみの愛をテーマにした切手、風見鶏の切手、野球の有名選手や映画監督が切手もある。前年は、一八〇〇年代末に活躍した、郵便犬オウニーという恰好良い犬の切手も作られた。

軍用犬を称えた切手など、これまでにもあっても良さそうなものだ「軍用犬の切手はこの本の原書が出版された二〇一二年に作られた」。アイエロもそう思い、軍用犬を切手にしようと二〇〇〇年から働きかけている。前回、絵柄のリクエストとともに二万人の署名も送った。

先日、米国郵便公社のスタンプ・デベロップメントのマネージャーであるコニー・トッテノールダムから、アイエロに手紙が送られてきた。「非常に重要な課題へのご興味も、長い間の努力にもかかわらず実際に切手が作られていないことへの不満も、よく理解しています」。長年、多くの手紙や署名が届けられていることも承知しており、そのような切手の作成について常に検討している、とのことだ。

トッテノールダムは、お土産用の切手(実際に使用できない)や、カスタマイズ・タイプの切手(大好きな猫や、生まれた赤ちゃんを切手にするサービスだ)を提案したが、アイエロは反対だ。「正式な郵便切手に見合う活躍をしている犬たちなんだ、それ以下のもので手を打ちたくない」。ちなみに郵便公社は、ベトナム戦争時に軍用犬ハンドラーとして活躍した人物を相手にしていることを、心に留めておくべきだろう。アイエロは、偵察犬ストーミーとともに、あらゆる困難を乗り越え、ほかの隊員を率い、安全を確保しながらジャングルの中を進んでいった、元兵士なのである。

★

多くの軍用犬の活躍を認めようとする動きがあるわけだが、追悼式を終えた犬たちの栄光が、すぐに忘れ去られているからではない。むしろアメリカ各地に、民間資金で造られた軍用犬記念碑が建てられている。同じく民間資金で、ナショナル・メモリアルをワシントンDCの公地に造る計画もある。

そして芸術家のマイケル・ジャーニガンが二〇一三年におこなう巡回展示に、イングラハムの犬レックスが登場する。彼は二一人の兵士のブロンズ胸像を展示するのだ。レックスとイングラハムにはイラクで出会った。「レックスを一目見て、恋に落ちた。絶対に展示に加えたいと思った」とジャーニガンは話す。

もちろん、メダルや切手や記念碑が、犬にとって価値があるかと問いたい読者もいるだろう。そもそも気にするだろうか、と。答えはノーだ。その重要性は分からないに違いない。首輪のほかに何をつけようが、壁に何を飾ろうが、犬には関係ない。おやつや、コングの方がうれしいに決まっている。お腹をさすってもらえたら、もっとうれしい。

英雄犬が勲章を贈られてうれしいのは、その犬を愛し、共に生きた人間、あるいは命を助けられた人間かもしれない。しかし、本当に無関係だろうか。自分の犬を認められた喜びは、リードを伝って、犬に届くかもしれない。

55
再び、ウォーキング・ポイントで

私たちが今、戦っている戦争、つまり犬の感覚が非常に重要になる戦争では、軍用犬とそのハンドラーについて、確実に言えることがある。それは、戦争が続くかぎり、一度帰国しても（それは無事に帰国できた場合を想定している）、再び戦争に戻ることになるということだ。トンプソン最先任上等上級兵曹がいうように「時間の問題だ。戻るかどうかじゃなくて、いつ戻るかという問題だ」。

「戦闘があれば、ハンドラーと犬が隊を率いることになる。だから戻っていく。ハンドラーたちはそのことを知っている」。トンプソンはそこで言葉を切り、平静を保とうと努力する。「そう、戦いに戻っていく。ハンドラーたちは文句を言わないし、犬たちも文句を言わない。そしてうまくいけば、また家に帰れる……」。

★

ブラックホークが飛び去ると、爆発物処理技師のメサは、隊員たちのもとに駆け戻り、敵兵の銃撃がやむまで応戦した。敵にどのくらい死傷者が出たかは確認しなかった。

一人の海兵隊が飛び出し、フェンジのもとに駆け寄った。フェンジはまだ地面の上に倒れていて、震えていた。隊員はフェンジをなで、歩行を手伝った。しかしフェンジは歩こうとしても、倒れこむだけだった。そこで彼はフェンジを抱きかかえた。フェンジは耳の中から出血しており、目の様子もおかしい。

ヘリコプターがやってきてフェンジをキャンプ・レザーネックまで運んだ。ヘルマンド州における海兵隊の活動拠点の大きな基地だ。爆音によって、フェンジの鼓膜は破れ、爆発片が目に突き刺さっていた。フェンジは、ドナヒューが助けに来るのを待っていたのだろうか。ある意味、ドナヒューは既にフェンジを助けていた。彼の体が爆発の盾となったため、フェンジの怪我は重症ではなかった。

フェンジは動物が受けうる最高の医療を受け、ケンネルに来る海兵隊のハンドラーたちからも見舞われた。キャンプ・ペンデルトンでドナヒューのケンネル・マスターだった海兵隊一等軍曹クリス・ウィリングハムも頻繁に訪れた。「フェンジを散歩に連れ出し、一緒に過ごした。目を洗ってやって、検診に毎日連れて行った。俺が来るのを喜んでくれて、前向きだった。たいした子だよ」。

フェンジは、キャンプ・レザーネックで開かれたドナヒューの追悼式にも出席した。式が始まる前、フェンジはテントの前方へ行き、ドナヒューの写真をじっと見つめた。横には、追悼式によく使われる戦闘ブーツやライフルが置いてあった。どちらもドナヒューのものではなかったが、ライフルにかけられたドッグ・タグやリードは、ドナヒューのものだ。まだ彼の匂いがしただろうか。

その後、キャンプ・レザーネックのケンネルには新しい名前がついた。「キャンプ・ドナヒュー」だ。入口の大きなコンクリート板には、二名の小隊仲間が、ドナヒューとフェンジをペンキで描いた。その板を支える足を、数名の海兵隊員が作った。屋根付きで、後ろに旗を立てられるようになっている。

フェンジは徐々に回復し、あの恐ろしい日から三週間後、キャンプ・ペンデルトンに戻った。そこでさらに慰労休暇をもらいつつ、軍の活動に少しずつ参加し始めた。一時は、そのまま退役すると思われたフェンジだが、ウィリングハムが言うように「少しも能力が鈍ることはなかった」。フェンジは、名誉戦傷賞とコンバット・アクション・リボンを授かった。もちろん非公認のものだ。

それから三週ほど経って、再び銃声にさらされる練習を始めた。最初は怖がり、ひるんだので、周りの人間も時間をかけた。しかし、フェンジはすぐに慣れた。その期間、多くのハンドラーや上官から、可愛がられ気にかけてもらえたのも良かったのかもしれない。「毛づくろいしてやり、オフィスにも入れてやり、俺たちと過ごさせた」とドナヒューを何年も知っていたジャスティン・グリーン海兵隊一等軍曹が話す。「マックスもそうしてやったに違いない。フェンジは大喜びだった」。

★

私が最初にフェンジに会ったとき、フェンジはユマ試験場の派遣前訓練コースを受けていた。負傷してからちょうど一年経つ頃である。どのような経歴の持ち主かも、どのようないきさつがあったのかも知らなかった。そこにいたのは、迷彩柄のフレームのドッグル［ゴーグル型の犬用サングラス］をかけた、美しい黒い毛並みのジャーマン・シェパード犬だった。この取材旅行で、ドッグルをかけた犬に会いたいと思っていたので、ガニー・ナイトに尋ねたところ、ガニーがアンドレイ・イドリセアヌ伍長を紹介してくれた。イドリセアヌはドナヒューとともにアフガニスタンへ赴き、その後フェンジの面倒を見ていた隊員だ。

私たちは、低いヤシの木が集まった木陰にしゃがんだ。そのとき、フェンジのこれまでの話を聞いた。イドリセアヌが話す間、フェンジは顔を彼の足にすり寄せていた。なんという愛情だろう、と思った。しかし違った。ドッグルを外したがってのことらしかった。「ドッグルが嫌いでね、いつも外したがるんだよ」。

フェンジは獣医の指示でドッグルをつけていた。怪我のせいだとイドリセアヌは思っていたが、ユマ試験場のエミリー・ピエラッチ獣医によると、フェンジは爆発のせいで右目に白斑はあるものの、視界に問題はないらしい。ドッグルをつけなければならないのは、パンヌス［角膜に血管

戦争の英雄フェンジは、目の疾患のためドッグル（犬用サングラス）をつける必要がある。が、フェンジは好きではないらしい。任務中でないと、すぐに外そうとする。©MARIA GOODAVAGE

が侵入し、その周囲が白濁する症状」のせいだ。ジャーマン・シェパードによくみられる自己免疫疾患だ。紫外線で悪化するので、ドッグルをつけている。パンヌスによって、やがてフェンジは失明するだろう。薬とドッグルで病気の進行を遅らせることができるが、今後、目の検査を頻繁に受けることになる。

フェンジがユマ試験場で本格的なテストを受けたのは、銃声やIEDシミュレーターへの反応を見るためだった。怖がって逃げ出そうとするだろうか。激痛をもたらし、一時的に目と耳が不自由になり、大好きだったハンドラーを奪った音だ。それによって、一年前の記憶が蘇るだろうか。しかし、大丈夫だった。結果は素晴らしかった。フェンジは、ひるまず、怖がらず、訓練を続けた。優秀な軍用犬の動きだった。

取材で出会って二か月後、フェンジはC17に乗ってアフガニスタンへと戻った。新しいハンドラーとともに七か月のローテーションをおこなうためだ。

再び、ウォーキング・ポイントに立つフェンジ。今回も、ハンドラーはすぐ後ろだ。

謝辞

この本を書くために、軍人も民間人もみな、小隊のように一丸となって私を献身的に援護してくれた。素晴らしい軍用犬と、愛情溢れるハンドラーたちの本を書く上で、彼らの支援があったのは、本当に幸運である。

エイロッド（アントニオ・ロドリゲス空軍一等軍曹）は、このプロジェクトの最初の段階から、昼も夜もEメールか電話で繋がることができ、頼れる存在だった。本書で彼を大々的に扱った箇所はないが、信頼できる情報源を教えてくれたり、事件の背景を詳細に説明してくれたり、軍用犬の世界のあらゆる側面について率直な視点を与えてくれたりと、エイロッドは常に誘導してくれた。軍用犬もハンドラーも、その活躍にふさわしい認識を受けることが、彼の当初からの目的である。

ガニー（クリストファー・ナイト海兵隊一等軍曹）も、力を尽くして軍用犬について語ってくれた。貴重な関係者を紹介してくれ、舞台裏の話も聞かせてくれるなど、前例のないほど情報へのアクセスを与えてくれた。事実をありのまま伝えることについて全く躊躇しない姿勢は、エイロッドと同じだ。二人とも「イエスマン」ではなく、その点で大いに恩恵を受けた。ラックランド空軍基地の広報担当官ジェリー・プロクターがいなければ、この本は軍用犬プログラムの肝心な部分に触れられずに、終わったことだろう。私のような作家に、軍へのアクセスを簡単に与えてくれる人ではない。本書のプロジェクトは手伝う価値があると彼が判断してくれたのだ。彼には感謝しきれない。

同じくラックランドに勤める人々も、私が必要とする情報が出てくるたびに、懸命に探してくれ、感謝でいっぱいだ。「ドック(先生)」と呼ばれるステュワート・ヒリアード、空軍一等軍曹のリチャード・リーデル、ナンシー・オリ、ロニー・ナイ博士、ウォルター・ブルガート博士である。

アンドリュー・ラウンズ空軍三等軍曹と、以下海軍の憲兵隊員である、マッカーサー・パーカー一等兵曹、リセット・ラ・トーリ二等兵曹、シルビア・キュレシス上等兵曹、デイヴィッド・ギュティエレス二等兵曹も、素晴らしい情報や話を提供してくれた。しかし、ページ数の制約上、最後の編集で本書への掲載を断念せざるを得なかった。

ヴァージニアの海軍遠征戦闘コマンド広報担当官ジョン・ゲイ海軍少佐は、時間外まで働き、潜水艦で爆発物探知をおこなう元気な小型犬と会えるように取り計らってくれた。海軍が犬を様々に用いる方法を見学させてくれたこと、そして、アフガニスタンで一年間の軍用犬プログラムを指揮後、帰国したばかりのスコット・トンプソン最先任上等上級兵曹に引き合わせてくれたことに、感謝している。

マックス・ドナヒュー海兵隊伍長の母ジュリー・シュロックが、心を開いて息子について話してくれたことに、深く感謝している。私も胸が痛んだ話は、母親として耐え難い苦痛であったに違いない。ドナヒューについて詳しく語ってくれたほかの海兵隊員にも感謝でいっぱいだ。

全面に渡り支援してくれたジョン・ブランドン・ボウ海兵隊大尉にも、海兵隊の軍用犬プログラムのマネージャーを務めるビル・チャイルドレスにも、敬礼したい。

軍用犬の歴史をひもとくため、惜しみない協力をしてくれたマイケル・レミッシュと、軍用犬の過去と未来を見る視点を与えてくれたロン・アイエロにも、感謝している。

犬の感覚と科学を研究する、ジョン・ブラッドショーと、アレクサンドラ・ホロウィッツと、スタンレー・コレンの貢献にも、大いに感謝にしている。デューク大学イヌ科認知科学センターのコリーナ・ダフィと、同センターを冷静に率いるブライアン・ヘアにも、敬意を表したい。

編集に関しても多くの人に感謝を述べたい。軍用犬に対する私の情熱を知り、私を探しだしてくれ、さらに、記録的な短期間で提案を形にしてくれた、エージェントのディアドリ・ムレーヌ。いつもながら、素晴らしい仕事をするエージェントのキャロル・マン。本書に大いなる興味を示し貴重な誘導や提案をしてくれた、ダットン社の編集担当スティーヴン・モロー。綴りや記載を正確に直してくれたダットン社のステファニー・ヒッチコック。良いストーリーを見分ける目を持つ、マーク・マクナマラ。必要な許可や承認を見事にとりつけてくれた、クリアランス・コンサルタントの、ヴァレリー・バースキー。そして、キムボール・ウスター、軍用犬の本を書く契約を結んだ翌日、隣の家に、軍の歴史を専門とする編集者が引っ越してくるなんて、なんという幸運だろう。私が執筆のため不在にした間Dogsterの運営をしっかりおこなってくれた、ジャナイン・カーン。ディアドリ・ムレーヌに私に紹介してくれた作家のジェーン・ミラー。そして、このプロジェクトを始めたばかりの頃、懸命にいろいろ教えてくれた、サイト「テイルドム（taildom）」のライターであるダニエラ・キャライドにも、感謝を述べたい。

そして、この本ができるまでの何か月もの間、全てに協力をしてくれた素晴らしい夫クレイグ・ハンソンに心からの「グラッツェ（ありがとう）」を。娘ローラも、私がこの本の執筆に没頭し、そばにいられなかった間、がんばってくれて本当にありがとう。

★

最後に、自分たちの人生を見せてくれた、全ての軍用犬ハンドラーと、全ての軍用犬へ。心から賞賛し、敬意を表します。

訳者 あとがき

二〇一一年、ウサマ・ビンラディン奇襲作戦が、米国海軍の特殊部隊SEAL・チーム6によって決行されました。この作戦には、実は犬も参加していました。「カイロ」という名の軍用犬です。本来、極秘扱いだったはずのカイロですが、ネットを介して、全米で有名になりました。

オバマ大統領は、作戦を遂行した特殊部隊を労いにフォート・キャンベルを訪れた際、「I want to meet that dog（あの犬に会いたい）」と、予定にはなかったカイロとの面会を果たしました。この犬は、タイム誌が選ぶ「アニマル・オブ・ザ・イヤー（今年の動物）」二〇一一年にも選ばれました。翌年、作戦を映画化した『ゼロ・ダーク・サーティ』が公開されると、そこに犬が登場したので人々は「カイロだ！」と話題にしました。それだけでなく「カイロはベルジアン・マリノワなのに、映画はジャーマン・シェパードが出演している」といった違いも指摘されるほど、作戦の翌年にはこの犬は有名になっていました。

カイロがこれほど話題を集めたのは、ビンラディン奇襲作戦が、様々な議論を巻き起こすものであったことが、考えられます。報復テロを招く可能性。ビンラディンの本人確認が軍内で処理されたこと。そしてアムネスティー・インターナショナルも疑問視したように、武器を持たない状態の人間とその家族を、捕獲せず殺害したことの是非などです。しかし、犬はそのような議論とは違う次元にいる生き物です。ずば抜けて高い能力を有する英雄。それでいて人間の正義や信条に伴う矛盾から、かけ離れた存在。そのようなヒーローが必要とされた、だからこその、カイロ人気だったのではないでしょうか。

カイロ、そして軍用犬に関心が集まる中、本書"Soldier Dogs- The Untold Story of America's Canine Heroes"が二〇一二年Duttonからハードカバーで出版されました。書籍のインターネット販売サイトで多くのレビューを集め人気を博し、ニューヨークタイムズ紙のベストセラーリストに掲載され、二〇一三年にはペーパーバックが出版されました。

著者マリア・グッダヴェイジは、USAトゥデイやサンフランシスコ・クロニクルの記者でしたが、ブロガーでもあります。犬のブログ投稿サイトDogsterの編集をおこなう傍ら、自身も同サイトにブログを投稿しているのです。その書き方は本書にも反映されていて、各章はブログを思わせる、読みやすい文体と体裁です。しかし取材力は、なるほど記者だなと思わせるものです。

グッダヴェイジは、膨大な量の取材をおこなっています。軍という情報のガードが特に固い機関を訪れ、通常では得られないはずの情報入手にも、成功しています。軍内の取材がどうして叶えられたか詳細は本書に書いてあるので割愛しますが、グッダヴェイジの取材力についてさらに驚くべきは、短期間でおこなっていることです。本書の執筆を思い立ったきっかけは、ビンラディン奇襲作戦だったと、自身がwriter's digestサイトのインタビューで答えていますが、この奇襲作戦は二〇一一年の五月におこなわれたものです。そのわずか一か月後に、グッダヴェイジは軍用犬の派遣前訓練として米国最良と評されるユマ試験場を訪れ、八月にも同基地で取材をおこなっています。

犬の感覚を研究する科学者や、犬の行動を観察する専門機関も訪れた際の取材内容も豊富で、軍用犬だけでなく、犬全般を様々な側面から理解することが可能になります。そして、グッダヴェイジが集めた膨大な情報があるからこそ、本書第Ⅳ部の、実戦で活躍する軍用犬とハンドラーたちの話になったとき、それぞれの話が、ずしりと重みを増すのです。

なお、この本で特別な存在感を放つのは、フェンジという軍用犬と、そのハンドラーのマックス・ドナヒュー海兵隊伍長です。冒頭に登場し、本書の末尾まで、彼らの運命は四回に分けて断片的に語られます。一章読み切りが可能な章が多いこの本の中で、非常に興味深い構成です。フェンジとドナヒューについて語られている章は1章、39章、46章、55章です。文字通り、彼らが先頭に立って、私たちを軍用犬の世界へと導いてくれます。彼らは軍用犬とハンドラーの象徴的な存在でもあります。

もう一頭、何度も登場する犬がいます。著者の愛犬ジェイクです。家庭犬との比較によって、軍用犬の特異な能力や本能が分かる一方、素直さや健気さの点では、普通の犬となんら変わりません。かたや戦地、かたや平和な散歩道。同じ犬なのに、あまりに大きな運命の違いを実感することになります。グッダヴェイジは、「犬」を通すことによって戦争の過酷さ・悲惨さをとらえ、伝えることに成功するのです。

この訳本の出版にいたるまで尽力してくださった晶文社のみなさま、特に編集の足立恵美さんに感謝申し上げます。丁寧な校正をしてくださった谷内麻恵さんにもお礼申し上げます。

翻訳中、様々な形で協力し支えてくれた、夫と五歳の息子へ。「本当にありがとう！」

櫻井英里子

［著者について］**マリア・グッダヴェイジ**（Maria Goodavage）

全米で多くの愛犬家が閲覧する犬のサイト「Dogster.com」の編集者とライターをして活動し、犬と旅するガイドブック『The Dog Lover's Companion（愛犬家の友）』シリーズを立ち上げ、編集者を務めるかたわら、自身も『The Dog Lover's Companion to California（愛犬家の友－カリフォルニア版）』と『The Dog Lover's Companion to the San Francisco Bay Area（愛犬家の友－サンフランシスコ・ベイエリア）』を執筆。

また本書『Soldier Dods』と『Top Dog –The Story of Marine Hero Lucca（トップ・ドッグ－海兵隊の英雄犬ルッカの話）』や、『Secret Service Dogs – The Heroes Who Protect the President of the United States（シークレット・サービス犬－米国大統領を守る英雄犬たち）』も、人気を博している。

現在、夫と娘と愛犬とともに、サンフランシスコに住む。

［訳者について］**櫻井英里子**（さくらい・えりこ）

一橋大学社会学部卒業後に会社員を経て、翻訳家に。ワックスマン『奪われた古代の宝をめぐる争い』（PHP 研究所）、ガルブレイス『黒澤明と三船敏郎』（亜紀書房）などノンフィクション本を翻訳することが多い。一方、子ども向けの絵本の翻訳も手がけ、リー・カーティス著、コーネル絵『ふうせんどこにとんでいく？』（バベルプレス）は、小学 1 年生の国語の教科書に推薦図書として紹介された。

子ども時代から犬が大好きで、二頭のコリー犬を飼っていた。今も、翻訳業と育児のかたわら、友人や親せきの飼い犬の散歩等を喜んで引き受けている。


戦場（せんじょう）に行（い）く犬（いぬ）――アメリカの軍用犬とハンドラーの絆

2017 年 1 月 30 日　初版

著者　マリア・グッダヴェイジ

訳者　櫻井英里子

発行者　株式会社晶文社
〒101-0051
東京都千代田区神田神保町 1-11
電話　03-3518-4940（代表）・4942（編集）

印刷・製本　中央精版印刷株式会社

ISBN978-4-7949-6949-1 Printed in Japan
URL http://www.shobunsha.co.jp